成长的

力量

——教会你做最好的自己

老　姜／著

北京航空航天大学出版社

BEIHANG UNIVERSITY PRESS

图书在版编目（CIP）数据

成长的力量：教会你做最好的自己 / 老姜著 . --
北京：北京航空航天大学出版社，2011.11
ISBN 978-7-5124-0596-7

Ⅰ . ①成… Ⅱ . ①老… Ⅲ . ①成功心理—通俗读物
Ⅳ . ① B848.4-49

中国版本图书馆 CIP 数据核字（2011）第 193337 号

成长的力量——教会你做最好的自己
老姜 著
责任编辑　刘晓明
*
北京航空航天大学出版社出版发行
北京市海淀区学院路 37 号（邮编 100191） http://www.buaapress.com.cn
发行部电话：（010）82317024　传真：（010）82328026
读者信箱：bhpress@263.net　邮购电话：（010）82316936
三河市汇鑫印务有限公司印装　各地书店经销
*
开本：700×960　1/16　印张：13.75　字数：198 千字
2011 年 11 月第 1 版　2012 年 5 月第 2 次印刷　印数：5 001—7 000 册
ISBN 978-7-5124-0596-7　定价：29.00 元

谨将这本书奉献给

一切立志成材并正在辛勤耕耘的人们！

愿此书

能为读者提供成长需要的

精神、行动和智慧之力量，

激励我们

去勇敢实践那艰辛并快乐的人生历程。

聚积成长力量　畅享惊喜人生

——序言

　　与作者老姜的相识，始于10年前的四川大学工商管理学院。睿智、责任感、善良、乐于助人、热爱生活是我对这位充满丰富人生阅历和智慧的企业老总的印象，忘年交的我们互用"老"字尊称，于是，姜老便是我习惯的称呼了。当人生已然经历过彩虹与风雨，当事业生涯已圆满地画上句号的时候，得知姜老准备以家书的形式总结心得给自己、给家人和朋友那一刻，我是多么的兴奋和感动，因为将又有一位智者将其丰富的人生经验和智慧分享给大家。从事20年教育事业的我，深谙教育的使命之一便是知识和智慧的传播与升华。于是，我大胆地邀请姜老著书，以造福于天下更多的希望智慧与幸福生活的人们。

　　成长是什么？我们曾一次又一次地问过自己。词典中这样解释"成长"：随着时间的推移，向着圆满成熟的生长。那么人生呢？从呱呱坠地的这一时点开始，去意气风发，去挥斥方遒；历经梦想的破灭后，却又有勇气编制另一个梦，是在岁月中成熟，更在追寻中圆满。

　　《飞鸟集》中曾有这样的诗句："一个人是初生的孩子，他的力量，就是成长的力量。"

　　从一开始，姜老便为这本书想好了定位，希望它是一本工具书，帮助读者快捷查阅所需篇章，获得点拨，聚集心智，发掘成长的力量。该书从精神、行动、智慧挖掘了成长的力量，涉及到了人生的真谛，包括成材、朋友、挫折、择业、创业、情绪、立志、管理实务等要素。这些要素集结成三篇，分别为《感悟篇》、《方法篇》和《治理篇》。该书既可以在你遇到困惑时查阅自助，也可以在你急迫前行中放缓脚步静心品味。盛情推荐大家聆听一位睿智管理者的人生絮语，读完该书，尤如体验与

聚积成长力量　畅享惊喜人生

一位长者和智者的促膝谈心，娓娓道来的质朴，但朴实的语言中传递着真切、实用、耐人寻味的人生感悟，你会获得人生的阅历和内心的成长。

书稿在正式出版之前，已经有了不少读者，有姜老的老部下、老朋友，也有我的研究生、MBA 的学生们，有"60 后"，"70 后"和"80 后"，他们惊喜地产生共鸣，获得启示。他们也为这本书作了反馈，提出了很好的建议，其中王轶菡菡欣然为这本书做了插图，丰富了品书的意境；代颖则用温婉的文字做了导读，分享了来自"80 后"的感想，而张啸对文本排序进行了美化。

历时 2 年，凝练了姜老人生感悟的《成长的力量——教会你做最好的自己》一书就要面市了，感激姜老的心血与责任！也为读者能够及时手捧本书获得动力而诚挚祝贺！相信《成长的力量——教会你做最好的自己》会引领你开发和挖掘内在动能。做最好的自己，直面充满挑战且快乐的人生旅程。

余伟萍

四川大学工商管理学院教授，博士生导师

2011 年 6 月于成都

以心为笔　开卷有益

——致读者书

这是一本学习之作，我冒昧地推荐给大家。坦言感悟，交流心得，以期能在这个浩瀚无垠的读者天地里，获得更丰富的人生快乐。

本书内容简明，意在实用，提供了关乎个人成长、快乐生活、安身立命、治企管理等诸多内容的思维理念和行为策略，唯盼能以心智之成果，为有志者、为朋友们提供一些略有价值的理性见解和处事方法。

成长需要力量，而力量源于智慧。造就优秀品德，积累丰富知识，具有正确思维，常持理性研判，实用有效方法，多有成功经验，此类成就都是成长过程中的力量体现。

人生虽然短暂，但行路漫漫，步履维艰。必须步步踏实，负重前行，绝无捷径可寻。本书提供的思考及方法也并非唯一模式，当因人、因事而异。书中汇集的内容，可以解除你的困惑，可以拓展你的思维，明事达理，智处善为。如能对你的成就有助一二，则本愿足亦。

谨以此书奉献给一切立志成材，并正在辛勤耕耘的人们，弘扬"大义、理智、勤奋、自强"之正气；

谨以此书馈赠我的朋友，彰显"博学、宽厚、智慧、进取"之美德；

谨以此书存念我的家人，传承"正直、大度、朴实、坚韧"之风范。

不期以书传世，但望以心助人。

愿此书能为阅读者提供成长需要的智慧力量，激励我们去勇敢实践那艰辛并快乐的人生历程。

老　姜

2011 年 8 月

前　言

　　这是一本能启迪思想、提供方法的生活工具书。本书针对"成长"这一引导人生的永恒主题，倾力于探讨精神力量、行动力量和智慧力量对个人成长的推动作用。其笔触精要、博论深刻，题意鲜明、观点清晰。

　　作者以其数十年工作经历对人生的感悟，总结了关乎成长、生活、工作、社交、管理等诸多内容的思维理念和处事方法。本书文体颇有创意，立意新颖，文笔流畅，结构简明。以日常工作、生活中的具体问题为索引，以问答成章，便于读者对座思考，释疑解惑，使读者在生活、工作中产生的心理困扰以及应对方法，都有可能在书中找到答案，有较明确的实用性和指导性，使学之能悟，而习之有为。

　　虽篇幅不多，但内容发人深省。细品其味，会感受到与作者的心灵互动，或多共鸣。文中许多观点、方法和治企理论，有对传统认知的修正，有对习惯思维的突破，有对时态意识的创新，更有对成功管理的张扬。

　　全书由《感悟篇》《方法篇》《治理篇》三个部分构成，共四十三章。篇中每一章都是对独立内容的表述，提出了问题，做出了结论，留下了思考。全书通篇都在试图提供正确的思维，以聚合心智，发掘成长的力量，能迅速而有效地激发读者对健康成长的热情和期望。

　　第一篇：汇聚"感悟"，共十三章。对于何谓人才、如何立志、成材要素、怎样交友、认识自我、经历挫折等在个人成长中面临的困惑，以及对优秀男女的认识、对追寻快乐的体验等生活内容，逐一表述；阐明了作者"因有感而可知，尚有为方能悟"的认知观念，倡导理性，注重实践，培养正确的道德观和价值理念。

　　第二篇：关注"方法"，共十七章。从思想方法入手，切合读者在实际工作、生活过程中，个人以及团队易于发生的分歧或困难，着重对表现自己、正确择业、创业准备、协调关系、应对矛盾、主持会议、演讲技巧、团队协同、领导方法、培养人才等必要的问题，提供了一些具体的实用经验。尤其对如何正确处理上下级关系，怎样进行恰当、适度的情绪管理等特殊困扰，尝试了一些利学而易行、不难掌握的处理办法，表达了作者"尊重个性，慎处善为"的行事思维，易于领会，实用性强。

第三篇：探讨"治理"，共十三章。倾力于对企业的管理思想、发展理念、系统思维、战略运筹、领导能力、市场引导、企业文化、用人艺术等核心要素，结合成功经历，交流了一些较为实用的体会和探索。阐述了作者"有度为治，有序为理"的治业理论，有益于帮助管理者提高对企业的管理素质，精练企业的管理文化。

本书图文并茂，精妙深刻的文笔，配以清新愉悦的导读和精美灵动的图画，达成感性与理性的交融。"点睛"之处，凸显了论述之精粹。文章结束后的简要提问和偶有留白，会引发读者思考；答案虽可自成，但这种由思想间达成的对话行为，可以体现出"学而有悟"的作用力量。书中内容对于即将步入社会的大学生、普通职员、新入职员工、企业经营者、社会教育者、中高层管理者，尤其对于正在经历成长中的困难或正准备向管理岗位进发的人们，均有着较明确、较直接的启示意义，本书可以作为这些受众的参考文献或指导书籍。

这本书利于成长，可以作为工具。

这本书益于生活，你当引为参考。

让我们认真关注"成长"

——随机而成，顺势而长

人生岁月虽很短暂，但人生过程却很漫长。每个人都在期盼着成长，并需为自己的成长付出一生的艰辛。曲折的过程助推了成长，但不是决定成长结果的唯一要素。

人的成长并非是与年龄增长同步的，成长是个人素质的体现。各不相同的出身、经历、感悟，知识、经验、挫折和成就，都表明了人们在成长中的差异和特性。

在成长经历中，需要有利于进步的环境和机遇，提供适合于自身成长的条件，这即是随机而成。而我们自己必须把握好机会，努力去培育并拓展成长能力，认真做好符合成长需要的事业，会终有成就，这就是顺势而长。

成长依靠力量的推动。源于精神的力量，可以造就优良品质，提供正确思维。来自行动的力量，能够丰富实用认知，产生有效方法。发由智慧的力量，益于理性总结，助推事业成就。

什么是影响成长的重要因素？这个问题的理论颇多，但我坚持认为：交几个良师益友，成一种优良品质，从一份适当事业，这应当是人生成长的必要选择。而对社会的理性认知、善处事的正确方法、会治业的成功管理这三方面，则是决定成长归宿的关键所在。

让我们都来关注成长，关注自己，也关注身边你应当关心的人。有的人历经坎坷，但始终难有成就；而有的人虽少有波折，却累获成功。这种现象向我们揭示了一个很普通的道理：成长不仅需要体验，更需要悟性。为此，我们必须学习，受教于一切有益的理论和成功的经验，能帮助我们顺利地成长。

让我们认真关注"成长"

（成长的）

力量

我们领会"感悟"，融入了成长的精神动力。

我们掌握"方法"，增强了成长的行为动力。

我们善于"治理"，聚合了成长的智慧动力。

感受真实的生活，铸造精彩的人生。让我们共同学习和探索，用知识教会我们做更好的自己。

目 录

第一篇　感悟篇

第二篇　方法篇

（成长的）力量

第三篇　治理篇

结束语

（成长的）

力量

第一篇

感 悟 篇

由感而知　有为而悟

　　我们对于某一事物或事件的认知，往往是从感觉开始的，经过逐步理解和深化，才会产生具有主观特性的知识领悟。运用这种知识去从事于实践，由实际行为中经验和教训的历练，使原本浅薄的领悟得以升华，形成了对特定内容的理性思维，这就是人们对感悟的认识过程。

　　成功的感悟，是感知和领悟两个阶段交替反复的结果。感，是为求知，应先于悟。首先要勇于主动接触生活环境，大胆地去认识你尚不了解的一切事物，以期获得一定的感知。悟，则为求识，当源于感。必须脚踏实地地投入工作实践，认真地去吸收或修正所感知的意识，使知识领悟成为表达个人认知能力的智慧资本。

　　感悟是激励成长的精神力量。每个人的一生都在忙于探索，不断感悟，谁也不会妄言自己能感知一切并且通悟万物。我们唯有的期许是让感悟的过程简捷一点，感悟的成就迅速一些。

　　为此意愿，我对感悟过程中必然面对的"怎样成材"、"如何交友"、"成就品质"、"正确立志"、"收获挫折"、"快乐人生"等问题，在十三个章节中分别提出一些较为明晰的观点，供我们共同探讨。

　　因有感而可知，尚有为方能悟。学习本篇内容，或有益于读者少走弯路，少作重复，少点迷惑，少些盲目，能加快我们对社会事物的感知和处置能力的提高；或有益于规避一些习俗意识的不良影响，培养出一种健康的心态和奋发的精神。这当有助于我们对此后"方法篇"和"治理篇"的学习领悟。

一、探寻生活的真谛

——笑对人生，追寻快乐

导读：

生命是一瓮陈年的酒，

我们欣喜的不是百分之几的酒精成分，

而是若隐若现的芬芳；

生命是一条闪光的河，

我们追寻的不是大海，

而是追寻过程中静静流淌的快乐和荣光。

成长的路途上，快乐也是一种信仰。

由于本书的宗旨是期冀能对读者的人生理念和行为规律略有启迪，因此，开卷首篇我就迫不及待地期望同你们讨论人生，探寻真谛。

所谓真谛，是指客观事物所具有的真实意义和确切道理。我们生活的意义和道理，也就是真谛究竟是什么呢？其实，这个问题并不深奥，因为它始终是我们芸芸众生在有生之年苦苦思索的问题，存在于每个人的思维之中，很大众化。但这个问题却很复杂，因为它对人生的不同阶段、不同环境、不同的个体都有着完全不同的理解和追求。难道不是吗？你想想看，在你经历的时间里，是否也在反复地思考过这个问题，特别是当你身处逆境或遭遇困难的时候，这份思考就尤为迫切。

我的感悟是：相异的过程，共同的结论。人生的真谛就是——**追寻快乐**。

其实，我们的老祖宗早就给了我们明示，"生活"这个词就蕴含了对人生真谛的准确诠释。生活——生存和快活。首先，你必须保障生存，得为自己提供适合生存的必要条件。我们经历过的生存环境总是充满艰辛和各种困难的，要学会改造或者适应环境，以安定自己的存在基础，所谓适者生存就是这个道理。在这个漫长的为生存而不懈奋斗的过程中，唯有体会到快乐，才会使你产生信心，才会激发你奋进的勇气；也只有当你意识到这种努力的意义是同快乐联系在一起时，才会凝聚你克服困难的动力和智慧。

快乐是人们心理状态的外在反映，客观地表现为符合人们自身心理需求而制造出来的精神产物，是人们得到某种满足时的精神状态，属于生活质量的特性产品。人类的本能特征决定了人在各种生活环境中，无论是顺境或逆势，都会去追寻快乐，并为能得到快乐而付出劳动。仅仅是因为学识、体能、智力和愿望的个体差异，而使实现快乐的方式、程度和形态不尽相同。

当饥渴时，有捧浊水是快乐；在寒风中，拥一件破衣是快乐；相濡以沫，患难与共是快乐；艰难创业，勇于担当也是快乐；直面险恶，泰然处之是快乐；历尽艰辛，终获成功更是快乐。总之，快乐无处不在，快乐同你如影随形。

也许你会表示疑惑，难道人生的全部意义就是为了快乐吗？不，人生的真正意义在于实现价值。应当把个人的行为成果转换为社会价值，历经无穷而推动社会进步，成为有益于社会的人，这才是人生的目标。在实现自身价值的活动中，只有当你自觉意识到这种努力是快乐的，是有意义的，才会使你产生持续不懈的动力，并在创造价值的过程中始终充满快乐。如果你在现实生活中没能感受到任何快乐，那你还会对生活寄托希望吗？还会保持对创造价值的热情吗？

在多年治理企业的经历中，我坚持提倡"创造和谐环境，享受工作乐趣"，其用意就是希望员工能在工作中寻找到快乐，保持平常心态，勤奋地工作，充分运用企业平台去实现自身价值。企业的健康发展和职工积极奋发的精神状态，都明证了这种人生理念的正确性。

追求物质的成功，不应当是成就人生的全部，真正的成功是我们在创造物质的同时，能经历快乐的过程。面对挫折，你只要保持快乐的心境，就一定会找到新的希望。在繁忙中，你可以体验克服困难时的精神乐趣。当轻松时，你可以品味逸情悠闲而身心愉悦。在日常生活中，人们的祝福用语使用最频繁的是"开心快乐"，这就鲜明地表达了人们对快乐生活的极为普遍而且直接的精神需要。

要学会经常整理自己的大脑库存，清洗掉一切不愉快的往事，而始终保留下最美好的记忆，你就会为自己的过去无怨无悔，心情舒畅地去为你喜爱的人和热衷的事努力做出奉献，你的未来自然就会乐在其中。

快乐是人生情感的高级境界，快乐是人类生活的终极追求。切不要为快乐划定时限或标准，只需心境愉悦就行。心宽则意顺，可自得其乐，可与人同乐。身在风雨中，心随快乐行。看了这篇文章，我希望你能面对困难，大声地呼喊：我不怕任何艰难，因为我在追寻快乐，我也一定会得到快乐！

点睛：

生存是快乐的基础；快乐是生存的动力。

在这个漫长的为生存而不懈奋斗的人生过程中，唯有体会到快乐，才会使你产生信心，才会激发你奋进的勇气；也只有当你意识到这种努力的意义是同快乐联系在一起时，才会凝聚你克服困难的动力和智慧，并在创造价值的实践中始终充满着快乐。

心宽则意顺，可自得其乐，可与人同乐。身在风雨中，心随快乐行。

要学会经常整理自己的大脑库存，清洗掉一切的不愉快，始终保留着美好的记忆，你就会为自己的过去无怨无悔，努力去为你喜爱的人和事做出奉献，你的未来就会乐在其中。

追求物质的成功，不应当是成就人生的全部，真正的成功是我们在创造物质的同时，能经历快乐的过程。

★ ★ ★ ★ ★ ★ ★ ★ ★ ★ ★

你已经认识到快乐人生的真正意义了吗？

面对困惑，你会不会调整心态去领悟快乐？

你是否已然忘却了诸多的不快，并保留下美好的回忆，正在感受到新的快乐？

一、探寻生活的真谛

二、关于成材问题的思考

——自主自立　小成即材

导读：

生活是平凡的，

但正是这些平凡蕴藏了生活的美好。

成长的终点不只是伟大。

如果做不了伟人，就做一个平凡但不平庸的人吧！

当一个孩子初临人世时，家人就开始为其勾画人生，盼其成材，寄予厚望，所有的期待和目标都是十分美好的。长辈之心甚苦，父母之愿甚切。受此影响，孩子的心愿和志向从懂事之始就在为成材做准备。要好好读书，长大了要当科学家，要做企业家，当老板，挣大钱。凡此种种，反复灌输。在孩子幼稚而脆弱的心灵里，铸就一个理念，似乎只有成为大官、老板、科学家才是成材，也才不负父母之望。但毕竟人世间从业众生，能为官、为总者甚少，泛泛之辈更多。没有惊天动地之伟业，也无经国治世之雄才，但正是此辈平庸，构成了人类社会中广泛坚实的发展基础，推动着历史的持续进步。

由此可见，成材的愿望是美好的，但成材的目标是很难实现的。既然是绝大多数人都无法达到的愿望，那去实现这种不能企及的愿望还有什么意义呢？

我认为，通过艰苦努力能成为专家、学者、企业家等高端精英，肯定是成材了，固然让人羡慕和钦佩。但服务于社会各行各业，创造并丰富了社会生活的广大民众，也同样具有成就，自然也会受到社会的尊重。这就涉及到一个实质性的问题，同样是社会需要的人才，成材的标准是什么？是否只有成为高端精英才算成材，而其他从业者都为朽木呢？

不然。我的成材观点是：凡有适当的生存手段，能自主自立，不是社会的负担，其行为能力和直接成果得到一定范围的认同者，就是成材。

在这个讨论中包含着十分明确的衡量标准：

一是必须有适当的生存能力。千般行业、万类专工，生存之道、总在其中。选择适合自己的生存方式，并掌握好能保障生存的生活技能。

二是必须能够自主自立。不依赖于家人或亲友以维持生计，而是在物质上独立，在人格上自立，在行为上自主。

三是不会有任何不良行为而对社会造成伤害，其生存及发展需求能得到所在环境的接纳和保障。

四是能为社会做出力所能及的贡献，其职业能力在相关专业、行业领域或局部范围内可以得到基本认同。

简而言之，做一个于社会有用的人，就是成材。

因此，我认为对成材的要求不必过高，更不应苛求。要因人而异，因势而立，因时而易。也就是说，要依据对不同的人、不同的社会需要和不同的生活阶段，来评价成材的尺度。不同的个体，有其生理、体能、天赋、个性、爱好等诸多差异，如果是对孩子的成长教育，就不能总去将其同其他孩子的优势相比较，我们要尽可能地发现他的兴趣和特长，引导他向有益的爱好方面去发展，以作为其当前学习或今后择业的趋向。如果选择好了适合于自身条件的专业，就必定能有所作为。

在社会发展的不同时期，对人才的特性总有不同的需求。现实情况是社会化的分工日趋细化，人们必须在多元结构的环境中选择职业。科学技术的进步和社会化的实时分工，促进了对各类行业人才的培育和选择。不要试图去掌握全面的知识，你只须拥有一技之长就具备了成材的基础。当你发挥出的才能，符合了社会或特定环境的当时需要时，你就已经成为了人才。

人生是短暂的，别为了实现一些盲目的人生目标去承受一生的心理压力。更不要因为自己主观的成材设计，甚至把自己未能实现的目标转移到下一代身上，让孩子背上沉重的精神负担。

能兼济天下者，当然是人才。而独善其身者，在纷繁复杂的生存环境中，尚能自立自强，只要有益于社会，同样也是人才。想通了这个道理，我们的内心是否能得到一些宽慰，背负的压力是不是减轻许多了呢？

点睛：

凡有适当的生存手段，能自主自立，不是社会的负担，其行为能力和直接成果能得到一定范围的认同者，就是成材。

成材的标准不应苛求，而是因人而异，因势而立，因时而易。

🌸 人生是短暂的，别为了实现一些盲目的人生目标去承受一生的心理压力。更不要因为自己主观的成材设计，甚至把自己未能实现的目标转移到下一代身上，让孩子背上沉重的精神负担。

🌸 不同的个体，有其生理、体能、天赋、个性、爱好等诸多差异，不能总去同其他人的优势相比较，我们要尽可能去发现并引导自己的兴趣和特长，以作为学习或择业的趋向。

🌸 当你发挥出的才能，符合了社会或特定环境的当时需要时，你就是人才。

🌸 能兼济天下者，当然是人才。而独善其身者，在纷繁复杂的生存环境中尚能自立自强，只要有益于社会，同样也是人才。

★ ★ ★ ★ ★ ★ ★ ★ ★ ★

你认同本文表述的成材观点吗？

对成材标准为何要因人而异，因势而立，因时而易？

你已经为成材做好了哪些准备？

二、关于成材问题的思考

三、成材需具备哪些要素

——发展环境　成长机遇　个人素质

导读：

于时间的往复中成长，
在生命的曲折中成熟。

期待着，
破茧的许诺。
追寻着，
成蝶的力量。

人人都期望成材，也都有过许多关于成材的过程设计，但往往事与愿违，现实同愿望相去甚远。一旦失落，人们又习惯于从客观上寻找原因，或抱怨于生不逢时，或多感其怀才不遇，或归结为命运使然，这类偏见往往影响了正确的成材观。究竟怎样方可成材？历史上关于成材的理论著述颇多，见仁见智，莫衷一是。我之拙见，这是个比较容易回答的问题。我把"环境、机遇、能力"归结为成材三要素。具备了这三要素，你就具备了成材的必要条件。

首先是**发展环境**。你所从业的机关、单位或企业是否稳定，是否具备持续发展的条件？因为只有在发展环境中才需要人才，也只有在企业需要的条件下，你才可能发挥出个人的特质和能力。如果企业不景气，没有发展的需要，也缺少创新的动力，员工们成天都在为生存而忙碌，现时的困境制约了前行的方向，前景尚且不明，那么你的能力向何处发挥呢？由于单位处境困难，管理者关心的问题首先是摆脱困局，自然也难以顾及到发现并培养你的才能。人只能在有利于发展的环境中，在有应用条件的促成下，才有可能得到帮助和成长。

其次是**成长机遇**。你需要通过自己勤奋努力地工作，适时地体现出你的能力，而这种能力又正适合当时或当事的需要，且及时地反映出你的基本价值。管理层中有人发现了你的价值，重视你的作用，给予了你关心、帮助和培养，提供给你学习、锻炼的机会。领导者对你的信任、恩遇和器重，为你的成材创造了重要条件。

不要总认为"天生我才必有用"。这个理念虽然寄托了对理想的追求，但也包含了期待中的无奈。你应当拥有自信，但同时必须要拥有机会，一切没有机会的自信，都只能是不合实际的幻想。由此可见，人必须在有人发现、培养并使用后，才能成材。

注重**个人能力**。成材要素中个人的品德素质和行为能力，是至关重要的。你必须敬业、勤奋、忠诚于你所服务的企业，不怕困难，吃苦耐劳，善于学习，这就是素质的体现。而个人能力则主要表现在处理事务的方法、应对困难的思维、协调关系的措施和解决问题的效率等具体的内容上。你可以不是全才，但你应当很专业。

我们赞美参天大树，但切不可忘记植根其中的肥地沃土，更不能忘却阳光雨露的辛勤呵护。发展环境就是培育成材的土壤，成长机遇即为帮助生长的阳光，而我们就应当是一株十分健壮并有着极强生命力的幼苗。

多看看发生在我们身边的事物，你会深有感触。有能力者，不一定会成材。为什么呢？一要看你的能力是否有利于发挥的场所，这就是发展环境；二要看你的能力是否会得到领导的认同并受到重用，这就是发展机遇；三要看你是否真有能力去承担必需的职业责任。因此结论如下：环境、机遇、能力，这是成材的三大要素，更是三个必备条件。三者互为关联，缺一不可。

你认真想想看，如果没有需要人才的发展环境，你纵然有领导的信任，但你的才能却没有应用的场合；有了适合的发展环境，你的才干也有了发挥的可能，但没有人赏识和起用，缺少应用机会，仍然不能成材；具备了利于发展的环境，也得到了领导的信任，但个人素质低，能力差，办事无能，不堪任用，那当然也不能成材。

孔子成为圣贤，并非在其所处的春秋战国时期。当其时，群雄割据，战乱频起。在那种极不稳定的社会环境中，孔子主张"复周礼以治天下"的治国理论，缺乏实施和实用的社会条件，此为环境不利；一生游历列国，虽穷困而不屈其志，但始终没得到赏识和重用，抱憾终老，此为机遇不合。只是到了后世，因其儒家思想和教育理念为历代统治者所利用，才受到人们的广泛尊崇。由此可见，夫子于当时虽有大才而未成大器，非其无能，是为时运不济。所谓时，当时的形势，即发展环境。何谓运，面临的选择，即发展机遇。纷乱的春秋没有给至圣先师提供适合发展的环境和机遇，致使孔子的才能和抱负没能及时应用于社会，后人每思至此，常不禁为之扼腕叹息。

有的人把一生的成就归结为个人奋斗的结果，对这个观点我不敢苟同。我主张奋斗，因为这是种持久的精神动力，但你的奋斗过程必须要有适合你的环境和机遇；否则，你会为成就付出难以估量的代价，历尽艰难而事倍功半。

任何个人的成材和成就，都应当是并且只能是社会培育的结果，具有时代感化的特征。离开社会的需要和培养，个人的表现价值确实是微不足道的。我们应当懂得这个道理，并时时警醒自己。以自然平和的心态融入社会，去寻找或创造发展环境和成长机遇。通过培养自己良好的社会道德，丰富自己的工作能力，不懈地努力奋斗，把个人的价值转换为社会价值，就一定能成为有益于社会的人才。

点睛：

成材只能是发展环境、成长机遇、个人能力这三个要素的融合。三者都是必备条件，互为关联，缺一不可。

人才只能在有利于发展的环境中才能成长，正如树木需要在合适的生长环境中才能蔚然成荫。

机遇是成材的催化剂。人必须在有人发现、培养并使用后，才能成材。

主张奋斗，因为这是种持久的精神动力，但你的奋斗过程必须要有适合你的环境和机遇；否则，你会为成就付出难以估量的代价。

不要总认为"天生我才必有用"。这个理念虽然寄托了对理想的追求，但也包含了期待中的无奈。你应当拥有自信，但你同时必须要拥有机会，一切没有机会的自信，都只能是不合实际的幻想。

任何个人的成材和成就，都应当是并且只能是社会培育的结果，具有时代感化的特征。离开社会的需要和培养，个人的表现价值确实是微不足道的。

三、成材需具备哪些要素

（成长的）

力量

★ ★ ★ ★ ★ ★ ★ ★ ★ ★ ★

成材三要素，缺一不可。这个结论正确吗？

你已经具备了哪些要素？对尚缺的要素准备怎么弥补？

有感而言：

四、如何获得成长机遇

——适时适度　大胆表现

导读：

　　成功并不关注机遇什么时候来临，而是在来临之前，让自己的力量发挥到极致，当机遇来临时，去获得它。

　　亦如每一颗种子都会遇到春雨，但是在春雨来临之时，只有饱满的种子才能享受春雨的滋润而发芽。

人的才智和技能，需要通过一定的表现形式展示出来，只有在得到人们的认识和认同后，才能产生价值。因此，尽可能地表现自己，是人的成长特性。襁褓中的婴儿就是用啼哭的方式来反映他的需要，此后在其成长的全过程中，时时刻刻都在不断地通过语言、肢体和行为向社会表现其存在和活动的状态。由此可见，表现自己是人的天性。但怎样表现，却差异甚大，效果也大相径庭。这不只是单纯的行为方式，首先是一种思想方法问题。

表现行为具有很强的目的性。你想通过表现达到什么目的，这一定是在行为表达之前就会有预期的，是受到一定的心理目标推动的。至于这种构想思维是否正确、表示方法是否得当，当然首先取决于你的思想方法，并由此思想方法支配你的行为能力。

我认为，表现行为的思维定位应尽可能准确，对问题的分析要客观。要了解到当前事态需要什么，或者会议急待解决什么问题，或者领导想要听取哪方面的意见……总之，你必须而且只有在人们需要的问题上表现自己，才能使你的表现行为得到重视，并达到表现的目的。因为只有符合需要的东西，才会产生价值。凡不切合实际需要的行为表现，都不可能产生正确的结果，甚至适得其反。因此，目的明确、应需而为，应该是十分重要的思想方法。

有了正确的思维，就会对你的表现行为产生指导意识，会随时激发你的表现欲望。但你还必须要有恰到好处的表现方式，才有可能实现表现的目的。如何表现呢？我的建议是"适时"和"适度"。

何谓**适时**？应其需要，即是把握好能力表现的场合与恰当的时机。当你负责的工作出现困难的时候，果断地做出有效处理，就表现出了你的应变能力；当上级领导检查工作，对你提出问题的时候，你回答了很好的解决办法，就表现出了你的专业能力；当向上级汇报工作，在你的领导或同事面临窘况的时候，你无伤公允地补充了意见，使汇报得到上级的认同，就表现出了你的优势能力……凡此种种，无一不是在说明表现时机的重要性。

凡是不该说、不该做的时候，都不能冒昧地去表现自己。有的人不注重选择时机和环境，就进行随意的表现，以此张扬自己的个性，刻意显示个人能力，忽略甚至不顾及对其他关联因素的干扰或损害，这种行为自然不会得到人们的理解。这不仅达不到表现的目的，还会常常使人误认为有精神缺陷，这是很可悲的行为结果。

何谓**适度**？恰到好处，就是掌握住能力表现的方式和影响程度。凡事都得有度，但这并非是一个确定的量化标准。符合需要并恰到好处就是适度。这一点较难把握。当由你负责的工作面临困难时，不推诿责任，不责备他人，不延误时间，而正确地进行处理，及时解决了事端，就是适度。当上级检查工作的时候，你能主动承担责任，不包揽成绩，客观求实地报告问题，不上交矛盾，而尽力体现自己解决问题的思路或措施，使上级领导不因你的汇报而增加压力，并对你产生赞许，这也是适度。当其他人向领导汇报工作时，你不盲目插话，不曲意奉迎，更不去指责别人之过以显示自己之能，而是在适当的时候，客观而直接地表达自己的意见，能有助于领导决策，这更是适度。

由于表现自己是一种主动行为，是以突出个人为特征的，因此在不同的社会阶段，人们对大胆表现能力的行为，都会产生一定的偏见，或曰不稳重，或谓骄傲自满，或称别有用心，或批爱出风头。我认为，凡此议论中，不乏有善意的担心，但更多的是猜疑或妒忌，反映为一种不健康的心理状态。而在这种心理状态支配下的行为，会扼杀人们追求进步的热情，会影响人们特别是年轻人的成长道路。

行为表现的时机和程度是最为重要的，但同样重要的却是方法。用什么样的方法去展示自己，怎样才能扩大影响？这是表现者应经常注意的问题。

东汉末年，诸葛亮隐居隆中，虽有旷世之才，但并非广为人知。他为施展平生抱负，其表现方法一是广结贤士，常议国策，而使世间慕名；二是编写诗歌，教人众口传唱，以显其博学。由此而声名远播，得三顾茅庐之遇，助蜀以成大业。这就是由好的方法能产生出好的结果。

四、如何获得成长机遇

又如当代，千奇百怪的产品广告，铺天盖地、无处不在，也就是通过文字、传媒的方法，提高产品的知名度，以此来表现出企业的产销能力，扩大其对社会的影响程度。

在我们身边，常常会有朋友总在抱怨自己怀才不遇，感慨天道之不公。我们当然不排除由于一些特殊的境遇或条件，对个人造成的客观影响，但更应思考的普遍问题是，你的主观努力是不是很充分了，也就是说你的"才"是否已经适时、适度地大胆展示了？如果你自视"才"高八斗，就是很有能力，但你从来不表现于人前，也不应用于实际，那你的"才"如何体现呢？没有被人们发现，当然不会得到大众的认同。没有在实践中应用并被证明其真正有用，又怎能实现"才"的价值呢？

因此，我认为无论是否真的怀才不遇，首先得要努力地去表现自己。也只有通过主观的表现行为，才有可能创造出机遇，提供更多的表现机会，更好地展示自己的才能，也才有可能实现自己的理想和抱负。

适时和适度是行为方法，大胆表现则是思想基础。是否敢于表现，体现了你的自信和勇气。让人们去议论吧，你将会以你的信心和能力，赢得成长机遇，赢得人们最终的赞赏。只有努力表现，才会发挥你的才能。为了自己的成长需要，适时、适度地出出风头也未尝不可。

别埋没了自己。你可以忍受委屈，你可以承受挫折，但你一定不能接受对自己的否定。在上文阐述的"成材要素"中，面对发展环境，你或许是被动的，因为你现时可能还不具有改造环境的能力，但你可以主动地去创造成长机遇。不要奢谈宿命，更不要相信命运的安排，只要能适时、适度地发挥出你的才智，并不懈地学习和完善自己，就完全有可能主导自身的成就。

年轻人，勇敢地去表现自己吧，把自己的能力、优势尽可能地展示于人前，成就于实践。这是你迈向成功的必经之路。

点睛：

🌸 如何才能获得成长机遇？适时、适度，大胆表现。

🌸 表现行动的指导思想、目的明确，应需而为。

🌸 适时和适度是行为方法，大胆表现是思想基础。是否敢于表现，则体现了你的自信和勇气。

🌸 适时，应其需要。把握好能力表现的场合与适当时机。

🌸 适度，恰到好处。掌握住能力表现的方式和影响程度。

🌸 要努力地去表现自己。也只有通过主观的表现行为，才有可能创造出机遇。更好地展示自己的才能，也才有可能实现自己的理想和抱负。

🌸 你可以忍受委屈，你可以承受挫折，但你一定不能接受对自己的否定。

🌸 只要你能适时、适度地发挥出你的才智，并不懈地学习和完善自己，就完全有可能主导自身的成就。

★ ★ ★ ★ ★ ★ ★ ★ ★ ★

回顾此前，你是否已经大胆地表现了自己？

适时和适度真的很重要吗？你是否掌握了正确的表现方法？

听听你的感言：

四、如何获得成长机遇

五、谈谈如何立志

——志在高远，成于足下

导读：

生命是一项随时可以终止的契约，

因为梦想，

有限却意味着另一种无限。

立志不须豪迈，

因为它会在平常中伴你一生。

人须立志，意在未来，这是人的成长特性。每一个人在成长的过程中，总在不断地给自己提出为之努力的奋斗目标和生活期望。从少小知事以来，就直接受到现实生活环境的影响，在大人的启发教育下，开始为自己的未来谋划成长目标，这就是立志的初期阶段。只是由于当时身处的生存条件或受教育环境的不同，使立志的起点有高低之分，规划有长短之别，而志向更有远大或浅薄之异。当然，后来的经历证明了儿时的立志大多是很不现实的。时当年少轻狂，对未来及未知的事物缺乏理性的认识，所立之志过于理想化，与现实条件差异甚大，当然难以实现。但立志的思维是必要而且是必需的。

　　立志寄托了对美好生活的渴望和追求，更是激励成长的条件和动力。因此，立志是人类的原始属性，是每一个人在任何生存环境中都必定会产生的自然行为。

　　我认为，我们讨论中的立志分为两个层面。一是志气，代表的是精神意志；二是志向，代表的是行为动力。志气奠定了你一生的做人原则，而志向则确定了你在各个时期的做事目标。

　　既然立志是人生必不可少的，那么我们该怎样立志呢？我们不妨先从树立志气说起。志气是一种精神力量，表明了个人对人生价值的理想和追求，反映为一种积极上进的信心和勇气，会演化为持久的精神激励和行为动力。

　　凡有志气的人都会有自己的做人原则，知道我能做什么，更知道我不能做什么，以不违背自己的原则立场。无论身处什么环境，都能信守志气、坚定原则，不屈不挠地去努力追求人生的目标。无论多大的困难和压力，都不会改变其坚守的理想信念，会不断地去奋斗，获取符合其志气趋向的价值成果。而不会因人、因物或情势所左右，即所谓富贵不移、威武不屈，就是因为坚定志气所体现出的高尚情操。

　　人如果没有志气，就会心中无主张，行动无准则，其心理状态是不健康的；往往不能主动地面对现实，对生活缺乏信心，行为消极。偶有挫折，就悲观退缩；一遇风险，也会随波逐流；胸无主见，经常任人摆布；贪恋小利，趋炎附势，这就是缺乏志气者的典型特征。

何为志向？志向是一种行为目标，代表了你对未来的成长规划。认定了什么样的目标，选定了什么样的职业，期望能成就什么样的事业，体现了你在人生过程中的价值意愿和进取方向。认准了一个目标，就向这个目标努力，力求获得预期的成功。

志气和志向是互为关联、相互制约的，而且志气总是支配志向。志气表现为人格，你想做什么样的人；而志向表现为行为，你要做什么样的事。通过不懈的努力作为，以实现你的意志，达到你精神上的人格目标。

那么应该怎样去树立志气和确定志向呢？我认为，志气要因势而立，志向则要应时而定。

志气代表你的价值观念，具有持久性，一经树立，就会影响你的一生。基于当时社会时代的需要，决定了对有用人才的人格趋向。当生逢国难，抗敌入侵时，需要的志气是捍卫民族尊严。当国家稳定，发展经济时，需要的志气是有益于社会振兴。因此，当你已经具有独立的人格和健康的思维后，就必须要确立做人的志气。只有当你所立之志符合社会发展的趋势时，其志方可融入社会的潮流，方可得到社会的保护和培养，你也才能顺势而成长。若其志不为社会所容，则再多的豪言壮语或历练艰辛，也是无济于事的。志气必须符合社会发展的需要，此即为因势而立。

志向代表你的事业目标，是有阶段性的，它会根据人生的曲折历程，适时做出必要的调整。当你已经确定了一个职业方向，或者已经做出了发展规划，但事与愿违，因某种原因你已经不能履行原有的职责时；或者当你已经从事另一种职业时，你还会坚持先前的志向追求吗？我想不会。你如果不可能改变现实处境，就只能改变你对事业追求的重新选择和定位，并确定一个可以立足于现时状况下的发展目标，当然也包括你对改变现状的努力方向。这就是生存法则对人的制约，也即因时而定。

切不可试图选择一个志向就确定终身目标，科学家、作家、律师、医生、教师、司机等等诸业百岗，都可以选择作为成长志向，但你得有机会，更要有才能去实现你的选择。基于此，你对志向的选择，应当注重符合当时身处的环境，适应在本时期生存或安定的需要，并较为接近你的才智或专业能力。现实是不会因个人愿望而改变的，所以要有准备，能适时适度地调整自己的志向。只有在你已经取得有利的成长条件后，才有可能去寻求新的机遇或者谋划新的发展。

志气具有稳定性特征，是做人的原则和价值体现，贯穿于一生而不可随意更改。凡有志气的人，就会有远大的理想和高尚的情操，以对社会做出贡献为己任，会始终对生活充满信心，勇于接受一切困难的考验，有着坚定的精神意志和实现成长目标的决心。志向具有适应性的特点，是做事的法则和方法选择，虽可调整但不能违背志气。

人各有志，当以志气为上，志向辅之。用志气完善人格目标，以志向实现人生价值。

有志者"事可成"。是因为有志就有了成长的精神动力和努力方向。但并非有志者就"事必成"，这要取决于你所立之志，是否符合当时社会的需要，是否顺应时代发展的趋势，而你自身是否具有实现志向的能力。

立志应当久远，它将引导你的未来。空怀大志而不知所为或不愿作为都是断不可取的。愿望或许是很美好的，但你首先得为实现愿望去做好充分的思想和行动的准备。不要总感叹生不逢时而有志难酬，应认真自省：我是否始终在努力去履行立志的承诺。

我们只能并必须脚踏实地地去为实现立志目标而做出艰难而自觉的选择，不存侥幸，敢于担当。不因事小而不为，更不因事大而避让。坚守原则，保持气节，不怕挫折，积极进取。只有在生活实践的磨砺中，才能一步一步地实现人生的目标。

立志可达高远，起步只在脚下。世无完人，亦并非事事如愿，只要你能始终守志而为，成就或有大小，但你一定是成功的，当无愧于一生。

点睛：

🌸 立志是对美好生活的渴望和追求，更是激励成长的条件和动力。

🌸 志气，代表精神意志，体现人格特性；志向，代表行为动力，展现事业价值。志气奠定了你一生的做人原则，而志向则确定了你在各个时期的做事目标。

🌸 人各有志，当以志气为上，志向辅之。用志气完善人格，以志向实现价值。

🌸 志气要因势而立，志向则要应时而定。

🌸 并非有志者就"事必成"，这要取决于你所立之志，是否符合当时社会的需要，是否顺应时代发展的趋势，而你自身是否具有实现志向的能力。

🌸 不要总感叹生不逢时而有志难酬，应认真自省我是否始终在努力去履行立志的承诺。坚守原则，保持气节，不怕挫折，积极进取。只有在生活实践的磨砺中，才能一步一步地实现人生目标。

★ ★ ★ ★ ★ ★ ★ ★ ★ ★ ★

你认为应当如何立志？

为什么有的人虽有大志而难成大事？

谈谈你选定的志气和志向吧。

六、怎样收获挫折

——贵在忍耐　重在信心　成在善为

导读：

当生命处于高峰时，

去接受成功，

获得奋斗的犒赏；

当生命处于低谷时，

去忍耐挫折，

增加生命的张力。

那么，就让我们在挫折的历练中，

冲破人生的冰河！

六、怎样收获挫折

人们在成长过程中，各自都会有许多受到挫折的经历，无一例外，只不过会因各自的环境、阅历、能力、经验的差异而使挫折的程度及对自身的影响有所不同。那种事事都一帆风顺的传说，或许是天方夜谭，不足为信。社会事物在发展进程中的复杂性，每时每刻都在产生不同的个体性矛盾，制约了人们的个人欲望，使每个人都不能随心所欲，都必须在一些并不规则甚至是无序的思想、制度、法则、权威等等的压力之下，使个人或企业的正当行为受到压制或者打击，以致无法实现预定的计划或目标，这就是挫折。

在人生的漫漫长路上，困难无时不在，挫折在所难免。问题仅在于，有的人经受挫折后能痛定思痛，吸取教训，振作精神，继续奋起而终获成功；而有的人受到挫折，沮丧气馁，意懒心灰，不思进取而终至沉沦。这就是在受到挫折时的两种态度，反映为两种人生观。我期望人们都应当用积极的人生态度去完善自我，去担当人生的历史责任。

当面临真正的挫折时，注意我所指的是真正的挫折，而不是表象的困难，因为任何困难都是可以克服的。只有当困难无法解决而形成不可逾越的阻力，并使行为计划受到打击时，才是真正的挫折。我建议你应当领会面对挫折的几种方法：

忍耐——当挫折到来时，你必须冷静，切不可意气用事，更不能盲目冲动。能忍受挫折给自己的信誉、经济、合作、进步、爱情等造成的诸多不利影响，能耐得住孤独、清贫、失意、降级、停业等等一时的寂寞沉闷。这对自己的心理承受能力是十分严峻的考验。为什么要忍耐？因为你需要时间做出冷静的思考，因何致错，因何失误，是否为个人原因或是大势环境因素造成。只有在忍耐中，你才有时机去理清症结，找出解决问题的方法。

特别需要提醒的是，忍耐并非怯懦，更不应是回避；忍耐是积蓄智慧、调节行为的过程；是振作精神、重新进步的基础。学会了忍耐，你的心智就接近于成熟，或许会在忍耐中变得更为坚强。

信心——面对挫折，最先受到打击的必然是信心。你可能会怀疑自己决策和处理问题的能力，你也可能对事业或自身的前途感到失望。这个时候，你面对的真正考验是战胜自己，重塑信心。

信心是贯穿人生过程的精神支柱。人就是因为有了信心才支持了生存。既然漫漫人生中挫折总是难免的，又何必因为挫折而丧失信心呢？不要去理会人们的闲言碎语，不必去计较同事亲朋的误会指责，更不用因领导的批评责罚而忧心忡忡。你只需相信，你有能力扭转这个局面，你会使自己做得更好。这就是信心，是来自于自身的一种执着和坚定。

你只有重新确立了这种信心，才会有勇气去接受挫折，并以积极的心态，去认识困难，分析导致挫折的真正原因，并努力地去寻找解决困难的方法。我在本书的《方法篇》中提出了"主动面对，积极处理"的应对困难的态度。但此态度是建立在信心基础上的，有信心就会有方法，就会有勇气，也会有前途。

敢于面对失败，是因为有信心在经受失败后能最终获得成功。当然信心也不能是盲目的自信，要在忍耐中总结、吸取教训，知道不能做什么，以避免重蹈覆辙；要找准方向，明白应该做什么，以调整行为计划。只有在此基础上建立起来的信心，才是可信的，也才是有价值的。困难常有，信心长在。

善为——在经过忍耐和信心的历练后，你已经知道了该做什么，就可以整装上路了。但仅仅知道该做什么，还是远远不够的。善为就是帮助你解决该怎么做的问题。

善为需要冷静，深刻了解面临的情势，着意于改变原有的思维习惯，以适应新的发展计划。善为需要学习，认清过去的失误，注重于纠正自己的行为方式，去推动新的工作进程。

挫折会使我们变得更聪明，变得更理智。审时度势，就能认清环境和趋势对自己主观努力的接受程度，就能因势利导，采用积极而有效的策略、方法去实现调整后的发展目标。

秦时韩信，年轻落魄，虽胸怀大志，拥治国安邦之才，但不为人知。曾受街头无赖的胯下之辱，他选择了忍耐；投身霸王，虽不甘于执载，但他仍选择了忍耐。后终为汉王重用，尽展雄才大略，助刘邦一统天下，名标青史。这或许是勇于经历挫折而终获成就的典范史实，值得我们深思。

忍耐和信心是思想方法。忍耐之贵，贵在难为。信心之重，重在难守。慎处和善为则是行为技巧，能够为最终的成就构建基础。学会忍耐，你能更加理智。保持信心，你会更为坚强。掌握了善为，将会丰富你的智慧和能力。

在挫折面前，你可以继续坚定你的发展目标，但你有必要调整策略，改善方法。你也可以改变工作目标，但不可放弃信念，更不能失去信心。

我们需要取得成功，也需要收获挫折，是因为有挫折的存在，才使成功更具价值。勇敢地面对挫折吧，你将在收获挫折的风雨历练中成熟和成功。

点睛：

❀ 忍耐并非怯懦，更不应是回避；忍耐是积蓄智慧、调节行为的过程；是振作精神、重新进步的基础。学会了忍耐，你的心智就接近于成熟，或许会在忍耐中变得更为坚强。

❀ 信心是贯穿人生过程的精神支柱。人就是因为有信心而支持了生存。

❀ 切不能盲目地自信，要在忍耐中总结、吸取教训，找准方向。知道不能做什么，以避免重蹈覆辙；明白应该做什么，以调整行为计划。只有在此基础上建立的信心才是可靠的。

❀ 善为需要冷静，着意于改变原有的思维习惯。善为需要学习，注重于纠正自己的行为方式。

❀ 学会了忍耐，你能更加理智。保持住信心，你会更为坚定。掌握好善为，你将更有才能。

在挫折面前，你可以继续坚持你的发展目标，但你有必要调整策略，改善方法。你也可以改变工作目标，但不可放弃信念，更不能失去信心。

★ ★ ★ ★ ★ ★ ★ ★ ★ ★

面对挫折，我们为什么需要选择忍耐、信心和善为？

你是否还有处理挫折的更好经验？

你也一定经历过挫折吧？望能坦言你的体会：

六、怎样收获挫折

七、什么是朋友

——合者为朋　信者为友

导读：

思念一座城，不只是它的风景，

而是因为这座城里的人。

是一杯清茶的淡然，

是一个拥抱的温暖，

是灯火阑珊时，却话人生的畅快。

　且听老姜如何解析朋友的含义。

人是需要朋友的。这是因为人的任何社会活动都不是孤立的行为，都必须依靠外界的关联或帮助才能完成。在个体的成长中，学识、心智的提高，工作、事业的成就，甚至结束人生历程，任何过程都不能离开群体环境提供的促进作用。因此，人们需要得到帮助和帮助别人，以融洽其生存环境。这就说明了建立朋友关系是人们生存的需要，是人们从事于社会生活的自然行为。

什么是朋友？这原本是一个很理性的问题，但往往被人们形式化了。不妨看看现在社会上，天下皆朋友，泛泛是兄弟。萍水相逢者，刚一认识即视为朋友；素昧平生者，杯酒下肚即引为至交。凡此乱象，已经使一种质朴而高尚的人际情感，沦落到庸俗而混杂的地步。这种关系虽然大众但并不正常，这种行为虽然普遍但甚不可取。

我主张人们应当多交往，建立较广泛的社会联系，可以从众多的熟悉者中，获得知识的更新和资源的共享，但这决不是要把谁都视为朋友。广交不能等同于滥交，必须分清"朋"和"友"之间的区别，才能理智地处理好人际关系。

我认为，"朋"和"友"是两个概念。**合者可为"朋"，信者方为"友"**。

"朋"，是一种广义的社交意识。凡具有相同的乐趣、爱好，能在平常的活动形式上基本相近，并能保持相互交流的群体或个人，就成为"朋"。结朋者，能在一块喝酒、打牌、运动、工作，表现为一种共同的兴趣趋向。

那什么是"友"呢？交友，应当是遵从于愿望和道义的情感聚合。为友者之间，首先应该具有相当的道德素质、相容的社会基础、相近的思想观念，并得到双方相互的人格尊重。重情厚义，值得信任的，方可为"友"。

更具体的表述是：为"朋"者重在情趣，可给你提供快乐；为"友"者重在品质，能为你承担信托。当你偶有闲暇或兴趣萌生时，你最早约定的人也许是"朋"；在你面对困难或取得成功时，你能够最先想到的

七、什么是朋友

人必定是"友"。

你可以为了满足你的爱好，参与朋者之乐；但你必须为保障你的健康生活，去选择志同道合者为友。这就是"以朋而聚，择友而处"的道理。

点睛：

🌸 朋友关系源于质朴和高尚的人际情感，是遵从于愿望和道义的聚合。

🌸 人们应当多交往，建立较广泛的社会联系，从众多的熟悉者中获得知识的更新和资源的共享。但这决不是把谁都视为朋友，广交不能等同于滥交，必须分清朋和友之间的区别，更理智地处理好人际关系。

🌸 结朋，是一种广义的社交意识，具有相同的情趣、爱好，能在活动形式上相接近，表现为共同的兴趣趋向。

🌸 为友，要有相当的道德素质、相容的社会基础和相近的思想观念，并得到双方相互的人格尊重。重情厚义，值得信任。

🌸 为朋者重在兴趣，可给你提供快乐；为友者重在品质，能为你承担信托。

🌸 我们应当以朋而聚，择友而处。

---

* * * * * * * * * * * *

本文对"朋"和"友"的认识定义恰当吗？

你是怎么同朋友交往的？

你或者可以记下此刻最想同谁分享你的感悟：

八、怎样择朋为友

——正直　大度　守信　有智慧　敢担当

导读:

人生因朋友而活跃,

友情因高尚而深刻。

是无私的空间,

更有以心相许的情结。

行者用脚步丈量大地,

那么友者何以追寻心灵的开阔?

本文所讨论的问题是应当选择什么样的人交朋友。这个认识阶段是在建立朋友关系之前，在众多的熟悉者，特别是在为"朋"者中，寻找适合自己意愿的人作为交友的对象，这就是择朋为友的思考。

需要特别表明的是，志趣相投者，可以作为事业合作的伙伴，但不一定能成为朋友。选择为朋友的，必须是其道德素质和处事行为能为自己所接受，品质性格得到自己认同和尊重的。泛交朋友是没有意义的，要学会在相处以乐的"朋"众中间，选择可予信托者为"友"。我认为，在尚未建立朋友关系之前，特别要注重对方的素质修养。

为人正直者。体现为能遵守社会所公认的原则，能公正地认识事物，尊重事实，有明确的是非观念。无论居于何种地位或社会背景，都能公允公正地、实事求是地认识和处理问题。不欺负弱者，能平等待人，这就是正直的人格品德。

处事大度者。表现为胸怀宽广，不拘小节，不计小过，能接受朋友的批评，也会原谅朋友的错误。凡事顾全大局，个人私欲较少，行为磊落大方，能同朋友长期和睦相处。

交往守信者。朋友之间的信任在于心底，朋友对你的承诺或你对朋友的期许，都很可能会改变各自的生活规划，会影响你的人生途径。双方都要用心去培养和呵护这种友谊。而不守信用就是不尊重朋友间的情感规则，必定不会得到对方的信任。总是让你失望的人，当然不应该成为你的朋友。

与有智慧者相交。智者多理性，慧者善感知。智慧当源于体验，源于对生活经验的总结。你所选择的交友对象，应当对某行业、专业或生活内容有较多的了解，相关阅历较为丰富，社会知识比较广泛。这样你们之间的语言交流就会比较轻松，随时都能产生共同的话题，益于思想沟通，更有利于获得对方在思维理念或行为方式上的适当帮助，并可用对方的知识充实自己，弥补或修正自己对事物的认识和处理能力。

与敢担当者相交。这种人心地坦荡，敢作敢为，有一定的责任意识。在家对父母至孝，爱护家人，珍惜亲情；在外对朋友尽责，乐于助人，遇事不推卸责任，能同这样的人交往是会很愉快的。千万别选择那种有福则争相同享，有难恐避之不及的人为友。凡对朋友没有责任感的人，一定不会为朋友分忧解难，这种人切不可交。

朋友之间是会相互影响的，所谓近朱者赤，即是这个道理。与正直者为友，会胸怀正义；与大度者为友，会忍让宽容；与守信者为友，会忠厚诚信；与有智慧者为友，会丰富阅历；与敢担当者为友，会坚定行为。

人的一生，不能没有朋友，更不能乱交朋友。交友不可轻率，而为友则必须尽责。选择朋友不易，但选对了朋友将是一生的幸福。望交友者慎，亦望为友者重。

点睛：

🌸 泛交朋友是没有意义的，要学会在相处以乐的"朋"众中间，选择可予信托者为"友"。

🌸 朋友对你承诺或你对朋友的信赖，很可能会改变你的生活规划，会影响你的人生途径。

🌸 交友不可轻率，而为友则必须尽责。

🌸 选择朋友不易，但选对了朋友将是一生的幸福。

🌸 与正直者为友，会胸怀正义；与大度者为友，会忍让宽容；与守信者为友，会忠厚诚信；与有智慧者为友，会丰富阅历；与敢担当者为友，会坚定行为。

★ ★ ★ ★ ★ ★ ★ ★ ★ ★ ★

你是否真正认识到"择朋为友"在个人生活中的重要意义？

你愿意同什么样的人为友？

八、怎样择朋为友

九、应当同什么样的人交朋友

—— 道德　宽容　知识　热情

导读：

越过的是空间，

跨过的是时间；

千万人之中，

千万年无涯的荒野中，

赶赴一个高山流水的相约。

建立正常的朋友关系，应当有一个由相识、相知到相信的过程，绝不可刚一见面即可为友。当今社会上风行网上交友，几通闲聊，即视为知己，甚至千里约聚，托付终身。此类人和事都甚为荒唐。对人的了解是需要时间和事实进行验证的，那种一见如故，相见恨晚的感觉，只是一时的感受或冲动，可以是交友的基础，但不应是朋友关系的确立。交友不慎，误及终身，这是我们应当随时警惕的重要问题。

我在前文中已谈到应当选择什么样的人交朋友，其所指的是朋友应具备的素质或者可以定义为真正朋友的道德标准。由于生存条件、个人环境在不断地变化，身边的朋友关系也会逐渐调整。有的失去了，有的疏远了，那种能保持终生友谊的朋友是为数不多的，这也是人生过程中的正常现象。正因为交朋友是生活情感和工作事业的需要，我们由此会在生活的各个阶段适时地寻找交友对象，以结识新的朋友。

常常有人会问，在这泛泛人众中，怎么知道哪个人能成为朋友？该选择什么样的人交朋友？这个问题虽重理性但却带有普遍意义，因为这是任何人在一生经历中都会时常遇到的问题。

我认为这首先应考虑你的直观感觉。在你的相识者中选择对其基本印象较好，并符合在你的心理条件中能接受为朋友的人。你得在认同他的基本印象后，才有可能去深入地了解对方，去关注对方的思想、行为、人品等方面的表现，也才可能开始有意愿同他建立朋友关系。我相信你对于一个印象很差的人，是不会试图同其交友的，可见这个基本印象是十分重要的。

该选择什么样的人为友，每个人都会有自己的标准，尤其是随着自己年龄或阅历的增长，以及在人生的不同阶段对于生活、事业的适时需要，都会改变自己的择友观念。因人因时而异，当无定论。我提出几点建议，供大家尤其是年轻的朋友们参考。

重道德。考察对方能否为友，首先要看他的道德表现，应该服从于社会认同的公共原则。其个人的行为应符合社会的公序良俗，不会刻意地表现出某种怪异行为来影响大众。对方应当尊重你，并且心地善良，坦诚厚道，乐于助人，不恃强凌弱。虽贫，而不丧志；为富，但不骄淫。这就是能为朋友者的基本道德素质。与有德者交友，不会祸及自身，你的精神也会得到净化，当很安心。

能宽容。对方处事大度，不计小过，也不为一些小事耿耿于怀。心境平和，宽以待人。当自己有过失时，他能给予谅解和信任，能鼓励你正确面对挫折，帮助你继续前行。同其交往，你不必小心翼翼地唯恐不慎有伤情感。这就是能为朋友者的重要的心理素质。与宽厚的人交往，你可以畅言倾诉，可以直面争议，互相都可坦诚谅解，应很放心。

有知识。知识是和理性相关联的，对方不一定具有很高的学历，但应该具有较多的生活经验或较强的专业能力。与之交流，益于感悟共识，利于相互学习。这应是能为朋友者的相当的内在能力。与有识者交友，你能获得知识，随时丰富自己，能很用心。

较热情。热情始终是友谊建立和延续的基础。对方应当重视你，愿意同你交往，相互能保持平等的人格关系。相处自然，无心理负担，很看重同你的经常联系，并有兴趣关心你的生活、事业、困难或进步。这也是为朋友者的必要的表现能力。若对方缺乏热情，你的一厢情愿必定会受到忽略，自然是无法继续交友的。与热情者为友，能及时得到你所需要的帮助，不会孤独，必很开心。

凡真朋友，当重义守信，以帮助对方为应尽之责。或聚或散，把对方常驻于心，能聚则同享，而散则常思，贪富当不弃，历时而弥坚。如果你真正理解了"道德、宽容、知识、热情"这八个字对于自己的意义，就不会盲目地去交朋友了。

祝愿你交上好朋友！与益者为友吧，那你必然会享受到"安心、放心、用心、开心"的生活乐趣。

点睛：

🌸 对人的了解是需要时间和事实进行验证的，那种一见如故、相见恨晚的感觉只是一时的感受或冲动，可以是交友的基础，但不应是朋友关系的确立。

🌸 该选择什么样的人为友，每个人都会有自己的标准，尤其是随着自己年龄或阅历的增长，以及在人生的不同阶段对于生活、事业的适时需要，都会改变自己的择友观念。因人因时而异，当无定论。

🌸 坚守"重道德、能宽容、有知识、较热情"的择友原则，你必然会享受到"安心、放心、用心、开心"的生活乐趣。

🌸 凡真朋友，当重义守信，以帮助对方为应尽之责。贫不丧志，富不骄淫，聚者同享，散则常思。

★ ★ ★ ★ ★ ★ ★ ★ ★ ★ ★

阅读本文之前，你是怎样交朋友的？有何体会？
文中提出的交友条件是很普通的，你能接受吗？

九、应当同什么样的人交朋友

（成长的）

力量

十、具备什么样的情感才是真正的朋友

——交于平淡　助于危难　重义守信

贫富不弃

导读：

或许少有寒暄，

确实多了牵挂；

虽无朝夕相处，

常在心灵会话。

什么是真正的朋友？

他们用真诚和信托，

解读彼此存在的意义，

焕发友情人生的光华。

42

广义的朋友，大多是源于共同的爱好或暂时的利益需要而构成的一种社会关系。可以因为某种兴趣或共同的业务联系在一起，但没有稳定的友谊基础，缺少相互的真诚和信任，这就是俗称的社会朋友。其表现形态为聚散不定，即合即离。

真正的朋友则是以心交融，用心培育而形成的较为稳定的关系，其本质特征是信任。常言道"朋友遍天下，知心能几人"，这知心者才是真正的朋友，这是需要同广义的社会朋友相区别的。缺少信任而构成的关系，一定不是真正意义上的朋友，其相互交往不过是因为相识并较为熟悉而已。

怎样才是真正的朋友？需要具备什么样的品质和行为才能成为真正的朋友？我认为，朋友关系的建立，必须是双方有相近的思想基础和道德素质，也只有如此，才会产生情感的共鸣。凡道义相悖或志趣相异的，都不可能构筑真正的朋友关系。我把真正朋友的品德修养和感情特征归纳为四个方面。能达此者，当无愧为真朋友。

交于平淡。朋友之间的日常交往，要趋于平淡。无论平民或显贵，其身份不应该是朋友交往中的心理障碍。作为真正的朋友，相互地位是平等的，人格上是互相尊重的。因此，朋友之间不要刻意地去迎合讨好对方，否则会降低平等关系。由于平等而至平常，因此，双方都不会以同对方交友作为提振自己的社会资本。

真正朋友之间的友谊是牢固的，不需要朝夕相处，但或聚或散，都会时时把对方挂念于心；或远或近，会经常保持联系。每逢佳节相互致意，问暖嘘寒，时有礼尚往来。但切不宜送赠厚礼，因为久之会成为自己心理上的负担，影响到友谊的持久性。

品一杯清茶，表几多心底疑惑；听几句倾诉，助排解心中烦忧，这就是朋友间的信任。有疑难要向朋友请教，有委屈要向朋友倾诉，有喜悦要同朋友分享，这就是真正朋友间很平常、很自然的交往行为。

不要把朋友之间的交流复杂化。如果你已经感觉到同对方的交往发生了困难，你应主动同对方沟通，及时消除误会，或能和好如初。如果

十、具备什么样的情感才是真正的朋友

你认为同对方交往已产生心理压力，或者意识到对方已有回避关系的表现，那我劝你及早退出朋友关系，这有利于调整心态，尚可保持一般友谊。我始终认为，真正朋友间的交往是很愉悦的，要始终坚持能给朋友带来快乐，切不可成为朋友的负担。

助于危难。真正的朋友是应该相互帮助的，因为这是作为朋友的责任体现，并且必须是一种切合实际的行为表示。帮助朋友是相互间真挚情感的驱动，更是一种责任意识。

当你遇到困难的时候，你的朋友会责无旁贷地站在你身边，尽力帮助你渡过难关。当你的朋友面临危急时，你能够义无反顾地挺身而出，尽力相助。这才是真正的朋友。那种平常时称兄道弟，困难时各奔东西的交情，算得上是真正的朋友吗？

对朋友的帮助不应该只为锦上添花，真正重要的是雪中送炭，只有当朋友需要的时候，你的援手才会体现友情的作用。因此，对朋友的帮助应该是在对方危难之时，也只有在这种时候，你的帮助才会有效地验证真朋友的价值，也才会使真正朋友间的友谊得到升华。

帮助朋友所产生的作用，是受个人的承担能力或客观因素制约的，当然也要考虑到自己的生活、工作条件，做出力所能及的帮助。那种完全不顾及自身和家庭的困难而盲目地去助人为乐，也是不恰当的，这只会增加对方的心理负担。我主张帮助朋友不应在事前就设想到能产生的作用大小，而应重在尽心和尽力，不留遗憾就好。

我还是要特别强调一点，真正的帮助朋友，是完全出于自愿，并不期望得到回报的。千万别把曾经对朋友的帮助常常记在心上，因为久之你会产生施恩求报的心态。

重义守信。凡言及朋友，必重其义气。历史上都是把朋友间的义气作为社会行为的美德，更是所谓江湖中人的道德准则。义薄云天，千古传颂。我自幼受武侠小说及《三国演义》、《水浒传》的影响，十分钦佩朋友间仗义行侠的高尚行为，更仰慕那些舍生取义的英雄豪杰。成人后，少了些盲动，多了点理智，对义气的诠释就更理性一些。

究竟什么叫义？千百年来，人们把义气神话了。为全义而舍身相报，为仗义而生灵涂炭等等历史典故不胜枚举，众口褒扬，似乎只要为了义气可以牺牲一切。我认为，这是一种很狭隘的义气观。那种两肋插刀、快意恩仇的侠义表现，既不为当今社会所接纳，更不是真朋友间的正常思维。事实上对义气的理解并不复杂，所谓义就是好朋友之间的真感情，是一种既纯朴又很高尚的情感关系。竭尽一切可能去帮助朋友，就体现为朋友之义。但仗义须有度，必当合其度，才能尽其义。

重义者，表现为三个特征。若朋友无辜，则当秉义帮助，直言讲明真相，力求消除误会。克服种种困难，不惜竭尽全力以解危难。使朋友能因你的帮助而获得了希望，解除了困境，此为重义。

如朋友出现过失，则不可护短，应据理规劝，主动协同调解，以避免朋友酿成大祸。帮助朋友从过失的迷惘中解脱出来，能因小过而取其教训，获得进步，此亦为重义。

若朋友违法，则不能庇佑，切不可因友情而伤国法。要力劝朋友规服法度，避免铸成大祸。尽可能地减少其对社会和家庭造成的损害，此更显重义。

由此可见，服从于国家、民族和社会的利益，则为大义；局限于私交而掩其过失，当为小义。知其违法而盲目帮助，则为不义。唯有重大义而弃小义，以帮助朋友脚踏实地走正道、求进步、谋前途为己之责任者，才是真朋友。

守信，是朋友间最重要的道德准则。信是一种诚意，信是一种期许，信更是一种不容推卸的责任。

互为朋友的关系一经建立，就要信守给予对方的承诺。凡答应了朋友的事，就必须办理，无论有多么困难，都应尽其力而为之；凡和朋友有约定，就必须践行，无论有何种障碍，都要倾其能而如约，这就是守信。诺而不为是失信；行而无果者，也是失信。

守信就是完成对朋友的义务，也是保障朋友间的信任。不用去追求海枯石烂的诺言，只需兑现每一件真实的回报。当然，在守信过程中如

十、具备什么样的情感才是真正的朋友

遇特殊的因素，会造成履约的困难，就应该及时地向朋友直言相告，以使对方有新的准备，别让朋友在等待中失去机会。

贫富不弃。这也是作为朋友的基本德行。真正的朋友是以相近的道德理念、相容的思想意识和相通的行为准则为基础的。简言之，心界互通是形成朋友友谊的重要基石。

朋友之间不应有世俗的经济利益关系，相互帮助是应担当的义务和责任，但必须体现为真诚和无怨。更不应产生关系利用，而应贫不仰富，富不厌贫；双方无论贫富，都应保持稳定而平常的友谊。

因己贫而离友，为自卑；因友贫而弃友，为自私；因己富而忘友，为不仁；因友富而背友，为不义。似此等自卑、自私、不仁、不义之举，岂是真朋友所能为？

真正的朋友之间是完全平等的。富者，应做到使贫寒之友多些自信；贫者，应做到使富贵之友少点孤独。生活条件虽多有差别，但友情的价值是不应以贫富为标准的。朋友间要多为对方着想，双方都应该尽可能地去寻找并融入能够共同接受的交流方式，始终保持共享友情的快乐。

读完了这一篇关于朋友的观点，你会有新的感悟吗？我相信绝大多数人都会赞同我的认识。但会有一点困惑，在当代经济社会中，在这种无利不起早的现实环境影响下，能建立起这种具有纯真情义的朋友关系吗？我也认为很难，但也并非绝无或仅有。我勤勉半生，所幸就有这样的一些朋友同我共经风雨，数十年友情不减，诚为幸事。正是因为我亲历友谊的真实纯朴，激励我写下这章感言，以志我对朋友们的真情感动。

以己之磊落行磊落之事，以己之真诚寻真诚之友。少点私欲，多点宽容，你就一定能找到真正的朋友。

点睛：

🌸 交于平淡，助于危难，重义守信，贫富不弃。这是作为真正朋友的品德修养和情感特征。

🌸 真正的朋友，地位相互平等，人格互相尊重。

🌸 品一杯清茶，表几多心底疑惑；听几句倾诉，助排解心中烦忧，这就是朋友间的信任。有疑难要向朋友请教，有委屈要向朋友倾诉，有喜悦要同朋友分享，这就是真正朋友间很平常、很自然的交往行为。

🌸 当你遇到困难的时候，你的朋友会责无旁贷地站在你身边，尽力帮助你渡过难关。当你的朋友面临危急时，你能够义无反顾地挺身而出，尽力相助。这才是真正的朋友。那种平常时称兄道弟，困难时各奔东西的交情，算得上是真正的朋友吗？

🌸 服从于国家、民族和社会的利益，则为大义；局限于私交而掩其过失，当为小义；知其违法而盲目帮助，则为不义。唯有重大义而弃小义，以帮助朋友脚踏实地走正道、求进步、谋前途为己之责任者，才是真朋友。

🌸 真正的朋友之间是完全平等的。富者，应做到使贫寒之友多些自信；贫者，应做到使富贵之友少点孤独。生活条件虽多有差别，但友情的价值是不应以贫富为标准的。

🌸 因己贫而离友，为自卑；因友贫而弃友，为自私；因己富而忘友，为不仁；因友富而背友，为不义。朋友间要多为对方着想，双方都应该尽可能去寻找并融入能共同接受的交流方式，始终保持共享友情的快乐。

🌸 以己之磊落行磊落之事，以己之真诚寻真诚之友。

十、具备什么样的情感才是真正的朋友

47

（成长的）

力量

许多人常为交友不慎而懊悔，许多人亦因良友为伴而快乐。

基于此，我用了四章的篇幅反复细述我的观点，望择友者慎，为友者重。

★ ★ ★ ★ ★ ★ ★ ★ ★ ★

你是否真的清楚了什么是真朋友？

该同什么样的人交朋友？

你现在应当为你的朋友做些什么？

把这几篇拙文推荐给你的朋友吧，让大家共勉。

把你的交友经验同我们分享：

十一、 说说优秀男人的品质

——事业 责任 宽容 博学 幽默感 成熟性

导读:
优秀不是一种天赋,
却是与天同高的期盼。
当生活散发出优秀的气息,
生命将更加高尚而伟岸。
如山一般挺拔的男人,
优秀在他们身上当如何解读?

男人应当对家庭和社会承担更多的责任，这是毋庸置疑的。我并非男权主义者，但我认为男人应该更多地懂得自己肩上的责任，并为完成责任而付出更多的代价。因此，责任感应当是优秀男人最重要的品质。但支撑责任的基石是你必须拥有较为稳定的事业，可以向你提供能够履行责任的物质保障，这是我把事业作为第一要素的主要原因。

事业。泛指我们所从事的工作，在所谓七十二行中，寻找适合自己的谋生手段。生活的首要需求是生存，找到能属于自己的事业，就是生存的必要条件。没有工作，没有物质基础，怎么能生存呢？而连生存条件都没有，又怎么能去尽到男人的责任呢。

这里的本质区别在于，常人是以某一项工作作为获得生存的手段，只需顺应常规地去做就行了。这是一种很简单，同时也是很普遍的从业行为。而优秀男人则不然，他必须去创造事业，通过自己艰辛的努力，去获得真正属于自己的成就。当然，这种成就不一定是达官显贵，也不一定收入颇丰，但在所从事的行业中，能体现出一定的成功和价值，并且构成了自己较为坚实的、较为稳定的生活基础，这就是对优秀男人的事业要求。

责任。属于自己分内应做的事就是责任。男人首先应该清楚自己有哪些责任，如果对责任尚不明确，当然也就无从尽责。男人要主动承担责任，主动承受因责任而赋予的压力。无论对生活、工作，还是对家庭、社会，都应体现出自己作为男人的价值。

孝顺父母，爱护妻小，关心亲人，帮助朋友，恪守诚信，勤奋敬业，报效国家，见义勇为，热心公益，等等，都是男人责任的表现内容。重要的区别是，优秀男人在面对困难时，会自觉意识到自己的责任，能主动并无怨无悔地去处理困难。不期望任何回报，也不附加任何条件，会一心尽责。

宽容。作为优秀男人的第三项必备品质，是极为重要的道德修养。它主要体现在对人及处事的态度上，宽宏厚道，不计小隙。与人交往中，能从善意着眼，以诚待人，以善度人。能主动原谅他人的过失，胸怀大度，不念旧恶。

宽容也是一种健康的心态。对工作上的分歧，能顾全大局，虽受屈而仍可负重，既坚守原则又注重协商。知过能改，会从善如流。对一些闲言杂语的中伤或议论，不计较，不追究，能处之泰然。

博学。体现在对学识的掌握能力上。我们需要用较多的知识去面对生活，包括社会、经济、人文、地理，甚至于三教九流、坊间杂议等去充实自己，以丰富你的精神领域。这里需要消除一个误区，所谓博学并非特指高等学历，因为学历很高并不能完全代表知识内涵就一定很丰富。

博学是广义的，应当尽一切可能去学习理解并深化对生活、对事业、对自身有用的各类知识，但并不一定非要从书本上索取。我们博览群书，是因为任何成功都需要对经验、教训的吸取和累积。阅读能较为便捷地获得前人的知识，当然也要认真领会。但许多专业性的真知灼见，涉及理论、经验、方法、闲趣等等，并不完全在书本上，所以必须向社会学习和感知。要不耻下问，求知若渴。

因此，无论你从事何种专业，或同何种人交流，都应具有针对性很强的知识作为支撑，都能应对自如，应用你的知识而得到别人对你的理解和尊重。由此可知，优秀男人应当具备广博的知识能力，其知识结构应当是较为宽泛的，其知识内容必须是实用的，切记不要死啃书本，不要固执己见，要从历史、社会、书本、民间认真学习，丰富了思想，同时也就优化了你的品质。

幽默感。是一种处事技巧，也是人们化解矛盾或舒缓压力的行为工具。男人的幽默感，体现在无论面对喜忧或身处困境，都能以自然平和的心态，表达出使人感到有趣味的、很轻松的语言。几分诙谐，几多情趣，既能活跃群体的气氛，又能调节受众的心情。亦庄亦谐，化紧张于无形，可以有效地减轻压力，增强处理问题的信心。

男人因具有幽默感而受到欢迎，特别是受到女性的喜爱。但幽默必须具有恰如其分的知识表达。缺乏知识内涵的幽默往往会流于庸俗。如果没有博学这个前提，当然不知道从何幽默，或该怎样幽默。幽默体现

十一、说说优秀男人的品质

成长的力量

了你的知识能力，体现了你的处事态度，也代表了快乐处事的生活哲理。显而易见，没有幽默感的男人，就如同树有干而无叶，云有形而无声，总是美中不足吧。

成熟性。人之成熟，不在于年龄的大小，更不取决于职务的高低。成熟体现于冷静和稳重。有的人说，男人历经沧桑，就会成熟，我不以为然。经历了许多世故，增长了许多阅历，这会使人成熟，但这不是成熟的唯一要件。问题在于你是否从历练中吸取了教训，总结了经验，也就是习惯中的说法"是否长了记性"。不会总结，不会正面吸取教益，再多的经历也是无济于事的。

怎样才能体现成熟呢？首先遇事要十分冷静，处变不惊，切不可临事慌乱，心无主张；其次是处事谨慎，有具体可行的应对措施，并获得了成功。实践证明，有思路，有谋略，能冷静地面对一切问题，有较多的经验和卓有成效的办法；能使家人、朋友或企业对其产生信任、尊重以至依赖，就体现了成熟男人的内秀气质。

男人要刚强、坚毅，不能娇柔，更不可故作女态。充分体现出阳刚和激情，是成熟男人的外在特性。

能具有事业，有责任感，幽默、宽容、博学、成熟的男人，其综合品质是十分优秀的，当然成之不易。男人要严格要求自己，善于自寻压力。相信你一定能成为具备优秀品质的优秀男人，向这个目标努力吧。

点睛：

🌸 优秀男人必须去创造事业。在其从事的行业中，能体现出一定的成就和价值，并且构成自己较为坚实、稳定的生活基础。

🌸 男人要主动承担责任，主动承受因责任而赋予的压力。无论生活、工作，还是家庭、社会，都应体现出自己作为男人的价值。在面对困难时，意识到自己的责任，并无怨无悔地去处理困难，不期回报，一心尽责。

 宽容是极为重要的道德修养，也是一种健康的心态。要宽宏厚道，以诚待人，顾全大局，从善如流。

优秀男人应当具备广博的知识、能力，其知识结构应当是较为宽泛的，其知识内容必须是实用的，要从历史、社会、书本、民间认真学习，既能丰富思想，也能优化品质。

男人因具有幽默感而受到欢迎。幽默体现了你的知识能力，体现了你的处事态度，也代表了快乐人生的生活哲理。

人之成熟，不在于年龄的大小，更不取决于职务的高低。成熟体现于冷静和稳重。要有思路，有谋略，行为果断，处变不惊。

男人要刚强、坚毅，不能娇柔。充分体现出阳刚和激情，是成熟男人的外在特性。

★ ★ ★ ★ ★ ★ ★ ★ ★ ★ ★

你希望成为优秀男人吗？

你还须具备哪些品质？

你身边有这样的优秀男人吗？谈谈对他的印象符合文中的品质条件吗？

十一、说说优秀男人的品质

十二、优秀女人又应当具备什么

——聪慧 善良 事业 责任 通达感
唯女性

导读：

女子如玉，是众多生命脱颖而出的那一点灵光；

女子若花，如繁复的花瓣一层一层舒张，绽放生命。

走近优秀女人，又别有一番精致风景。

既已对优秀男人作了要求，如不说说女人的优秀，似乎有失公允，还是对我们理想中的优秀女人作作评述吧。

历史上能流传千古的女人，大多重在赞誉其美，颂扬其丽。所谓"沉鱼落雁、闭月羞花"，"倾国倾城、千娇百媚"等等溢美之词，加于其身。但美丽与优秀则是完全不能等同的，虽有丽表而素质低下者甚多。我们对现代女性的要求，当然要重在品质。

聪慧。聪者有心智，慧者多贤淑。女人聪慧则表现为会思考，善处事，待人亲切，行事干练，体现出女人的理性和贤良。女人的天性是善良的，但女人如缺少聪明和智慧，则单纯的善良就成为了无知。女人要自主承担生活的责任，就必须拥有知识，拥有智慧，因此，我把聪慧作为优秀女人的第一品质。

善良。它是人类最原始的本质特性。其思想基础是把一切事物或行为都归于美好，并愿意为此美好而付出。不欺弱小，乐于助人，常以爱心去感化恶行。以善为美，以良为德，女性与生俱来的一种博大的母爱以及尊老爱幼、孝顺父母、节俭持家等等行为，都比男性表现得更为突出。常怀慈悲，因慈而多爱，由悲而善助。这就是女人心地善良的本性体现。

事业。一个优秀的女性，应该有属于自己的事业，这是女性价值观的体现。女人从业的领域是很广泛的，你需要选择到适合自己的工作，勤奋努力，发挥你的专业才能，用事业去丰富自己，以提高你的人生价值和生活品位。

大多数女性都会具有与生俱来的特性：精明、敏锐、细心和勤劳。这些往往有助于女人在事业上有更多的成功机会。依赖于家庭或丈夫的生活，可以维系一时，但很难保障一生。爱事业就是爱自己，拥有事业的女人会保持受人尊重的人格价值。

责任。一提到责任，人们往往都会更多地去强调对男性的要求，这的确也是无可厚非的。男人应当多尽责，这是社会赋予男人的压力。但女人的责任也是十分重要的，传统的社会分工是女内男外，相夫教子，

十二、优秀女人又应当具备什么

那是因为女性的细心、善良和体能更适合于处理内务，包括主理家庭事务。但现在社会已为女性提供了更广阔的生活空间，女人也需要履行社会责任。

女性不能只属于家庭，也应当属于社会；要热心于工作，热爱家庭，勤奋敬业，努力尽责。当然，在对家庭成员的呵护、关爱方面，女性会做得更周到、更体贴。在构建和谐家庭中，女性通常要承担更主要、更直接的责任。

通达感。表现在通情达理，善解人意。凡事多些理解，少点偏激，不纠缠小事，不固执己见。这种素质源于女人的知识底蕴，要多学习，善思考，明道理，心地宽容。须知世间许多小分歧，往往都是因心胸狭隘，不达情理而酿成的。

善处家事，不折腾陈年老账，不计较细枝末节，保持对家人的信任，注重沟通。善待同仁，乐意给同事提供帮助，能用适度的退让以缓解人际矛盾。懂得以理服人，以提高自身的价值。因此，与胸怀通达的女人共事，会常感轻松愉悦。如家有贤达之妻，则夫无内外之祸。

唯女性。女人之美，还表现于端庄和柔情。端庄展于外，行为要适合于你的年龄、职业或身份，衣着时尚但忌浮华，行止雅致而不低俗，虽素妆淡抹而气质可人。柔情怀于内，对深爱的人有依恋之心，能得体地显现出女性的妩媚和娇柔，但切不可故作媚态。在社会交往中，适度矜持，处事大方，但不能放纵轻浮。

有的女性喜欢张扬自己的个性，不时表现出貌似刚烈的言行，似乎具有男性化的特色，这在有的职业或一些特殊环境中，或许能起到自我保护的作用，但对女性的本质特征会产生极大的伤害。

女人的生活是千姿百态的，只要你能保持真正的女人气质和平常心境，自尊、自重、自信、自爱，做一个唯女性，无论正值妙龄，抑或春华已去，优秀女性都一定会得到社会的尊重和爱护，会拥有优秀男士的倾心和爱慕。

点睛：

🌸 聪者有心智，慧者多贤淑。女人聪慧则表现为会思考，善处事，待人亲切，行事干练，体现出女人的理性和贤良。

🌸 以善为美，以良为德，因慈而多爱，由悲而善助。这就是女人心地善良的本性体现。

🌸 女人如缺少聪明和智慧，则单纯的善良就成为了无知。

🌸 女性应当用事业去丰富自己，用事业提高自己的人生价值和生活地位。爱事业就是爱自己，拥有事业的女人必定会保持受人尊重的人格价值。

🌸 通情达理，善解人意，凡事多些理解、少点偏激，不纠缠小事，不固执己见。要懂得用适度的退让以缓解人际矛盾，懂得以理服人，以提高自身价值。

🌸 端庄展于外，虽素妆淡抹而气质可人，衣着时尚但忌浮华，行止雅致而不低俗。柔情怀于内，对深爱的人有依恋之心，能得体地显现出女性的妩媚和娇柔，但切不可故作媚态。

🌸 女人的生活是千姿百态的，只要你能保持真正的女人气质和平常心态，自尊、自重、自信、自爱，做一个唯女性，无论正值妙龄，抑或春华已去，优秀女性都一定会得到社会的尊重和爱护，会拥有优秀男士的倾心和爱慕。

★ ★ ★ ★ ★ ★ ★ ★ ★ ★ ★

你是否已经具备了优秀女人的品质条件？

你认同优秀女人应当有如书中所描述的品质吗？你还期待什么？

十三、什么是快乐生活的基本元素

——常运动　善交流　多兴趣　无嗜好

导读:

愚人多向远方追寻情趣,

智者常在身边培养快乐。

看似不起眼的生活细节,

善待它,

它将会提供阳光和氧气,

滋养你的生活。

人们一生都在追求快乐，但怎样才能拥有快乐的生活呢？认识各异，理解不同，自然也不可能有一个标准定义。我认为，快乐由心而定，由形而生。

所谓由心而定，自然是指个人的感受。如果你对某项事物或现实环境心生愉悦，当然就会感受到快乐，此即所谓境随心造。对同一事物，各自的感受是不尽相同的。因此，是否快乐，应依据个人的心情感悟来确定，只要你自己感觉是快乐的，那你就一定会经历快乐，而不是由别人去评论你能否快乐。

所谓由形而生，则是指快乐的表现形态。我们把这种形态物质化，归结为快乐元素，表现为健康的身体，活跃的思想，宽松的环境，良好的习惯。怎样才能建立快乐的生活形态呢？

常运动，能保持健康的体质。需要注意的问题，一是要选择自己有兴趣的并且愿意去做的运动项目，你才会自觉坚持，才能使锻炼具有持续性。如果勉强去从事自己并不喜欢的运动内容，则会产生心理负担而影响到运动的效果。二是应注重自己的身体条件，特别要选择适合于自己的年龄及对体质机能要求的运动，不必服从于他人的运动爱好；你只须选择适合自己力所能及的运动项目，强度适当，量力而行。三是应和爱好相同者组成活动群体，范围宜小，易于结伴。运动强度适中，以利相互督促，克服人们普遍存在的行为惰性。注重了上述问题，你就会热衷于经常性的快乐运动。

善交流，是保持思想活跃的重要方法。只有通过同社会事物的直接联系，同朋友、亲人间的经常沟通，才能获得更多的知识，使自己的思想不至僵化，观念不会落后，始终具备对当前社会的认知度和趋同感。要善于向社会、向工作、向人际等各方面学习，能有益于舒缓心理压力。在对知识的不断丰富中，扩充交流内容，提高感知能力。

多兴趣，能增强自己适应生存的能力。如果能具有广泛的兴趣，就可以让你的生活环境变得更宽松，生存方式会有更多的选择。当面对不同的场合，因出现意外的变化，或置身恶劣的境地，由于你兴趣的多样化，就会很快地融入当时、当地的生存条件，并能寻找到新的快乐。具备广泛兴趣者，有较强的适应生活的能力，始终不会孤独，始终能在不同的环境中营造出新的快乐。

无嗜好，则可以减少人们对生活方式的偏执。人们都会有不同的爱好、情趣。喝酒、打牌、网络游戏等休闲活动，可以娱乐，也可以冶情，这是业余生活的部分需要，本无可厚非。但爱好一旦成为嗜好，则产生了在生活方式上的排他性，会因偏重于嗜好，而固执于对嗜好的行为保护。

凡有嗜好者，大都在追求自我感受，而不会顾及他人的接受程度，也不体谅群体是否快乐，只会给自己、家人造成伤害，干扰正常的生活节奏。可见，消除嗜好是极其必要的。

我把常运动、善交流、多兴趣、无不良嗜好推荐为快乐生活的四大基本元素，是想说明人生快乐的构成要件，首先是要有健康的身体和精神状态，并具备良好的活动环境和生活习惯。我们应当主动地去寻找快乐，或创造快乐，只有找到了快乐，你才会享受到快乐。

如无健康，长寿何益？若无快乐，人生何趣？我们都当以此为重，调节自身，则将会随时感受到快乐就在你的身边，你也会因经历快乐而领悟到长久人生的真实意义。

点睛：

快乐由形而生，快乐由心而定。

只要你自己感受是快乐的，那你就在经历快乐，而无需别人去评论你是否快乐。

把快乐的形态物质化：健康的身体，活跃的思维，宽松的环境，良好的习惯。

60

常运动、善交流、多兴趣、无嗜好，是快乐生活的四大基本元素，也是快乐人生的构成要件。以此为重，调节自身，将会随时感受到快乐就在你的身边。

如无健康，长寿何益？若无快乐，人生何趣？

★ ★ ★ ★ ★ ★ ★ ★ ★ ★ ★

健康和快乐是休戚与共、密切相关的。年轻时对此感悟不深，稍待年长则大有体会。你身心健康吗？你正在经历快乐吗？

你认为生活中还应有哪些快乐元素？

让我们分享你对快乐元素的感悟：

十三、什么是快乐生活的基本元素

第二篇

方法篇

改善方法，优化行为

人的个性是与生俱来的，受到遗传、血统或个体基因的影响，很难更改。不要试图去改变别人的个性，也无需因自身个性的不完美而懊恼。

经常见到有的人在遭受挫折后，总是强调自己个性不好，而不去分析和寻找行为方法上的失误，用个性的难改去阻碍了对有益方法的学习，以致总在经历失败的磨练，总在坎坷中徘徊，丧失了许多成功的机会。

在人的一生中，需要改变的并非个性，而是处事方法。要从实践中学习，在挫折中感悟，形成适应性很强的工作方法和应事技巧。在面对纷繁复杂的问题时，若能够善处并易为，就能达到事半而功倍的效果。可见，方法问题在日常处事过程中是十分重要的。

方法是促进成长的行动力量。每个人都在用具体的行为方法，去影响和改变自己的成长过程。因此，坚持不断地改善方法，积极主动地优化行为，就必然是我们一生的成长需要。这里要强调的是，思想方法决定了处事的动机和目的，工作方法则决定了处事的过程和结果。思想方法指导工作方法。

本篇着重针对已经是管理者或正在锻炼将成为管理者的人们，并就其在实际工作中经常遇到的一些问题，由个人或团队时常易于发生的分歧或困难，着重对认识自己、正确择业、创业准备、协调关系、应对矛盾、主持会议、演讲技巧、团队协同、领导方法、培养人才等内容，从思想方法入手，提供一些具体的实用经验；尤其对如何正确处理上下级关系，怎样进行恰当、适度的情绪管理等特殊困扰，尝试了一些利学而易行且行之有效的工作方法，期望对提高读者的行动能力有所帮助。

一、怎样正确认识自己

——自省　自津　自强

导读：

在你手上，有一个至大的秘密。

这个秘密沉默了很多年，这种力量隐藏了很多年。

这个秘密不在过去，它指向未知，指向未来。

这个秘密，不是其他，是你自己。

而你，已经认清了吗？

人们可以理性地感知事物，但却很难理性地认识自己。这是因为在人的本能特征中，具有很强烈的自我保护意识，在这种意识的支配下，我们往往喜欢夸大自己的优点，而不乐于去发现自己的不足。由于不能正确地认识并认清自己，必然对自己无法定位，心中茫然，遇事盲目。人的个人生活是由自己主导的，只有认真地看清自己，为自己找到一个准确的人生位置，也才有可能发挥出个人才智，去实现自己的生活目标。

我们一生都在苦苦地探寻成功之路，其过程极为复杂，也颇多纠结，但贯穿始终的生活态度却应该十分简单。那就是：坚守信念，量力而为。我们无论做人或理事，都是源于对理想的追求和对现实的感悟，并不一定都需要很高深的学问或很丰富的经验。而最重要的只是认识自我，我该做什么，我会做什么。这种认识对每个人都是非常严峻的。

人们都会去认识、评价别人，但往往不会客观、中肯地评价自己，这就是人性的弱点。客观地讲，我们穷尽一生都难以完全消除这个弱点，圣贤尚有错失，何况我等？但我们可以从心理上去逐步纠正，以提高自我认识的觉悟。努力从"自省、自律、自强"这三方面去认识自我，会帮助我们树立正确的人生理念和行为方法。

遇事自省，是对处事行为的心态调节。无论面对成功或挫折，无论接受批评或赞扬，我们都要对具体事件的动机和行为做出冷静的审视和反思，总结出经验或者教训。体会成功时，不要总夸大自己的能力表现，要多看到社会的推动和他人的帮助。经历困难时，切忌总是抱怨别人的支持不够，要多分析自己的谋划是否不当或者行为是否失措。只有通过对各种曲折经历的不断反省，才能检验出自己有哪方面的能力，能做什么事，会做什么事，清理出自身的缺陷或不足，认识自己的优势或长处。

我知道人们都会思考认识自己的问题，并有很多理论在高屋建瓴地提出认识自我的重要性。但怎样才会形成正确的认识呢？我认为，认识自我是一个长期的并伴随一生的过程。要使认识达到正确，则只有在自省中总结和吸收，使之能对自身条件有较为清楚的感知，并给以肯定。扬己之长而避己之短，行能为之事而弃难成之作。凡可为或不可为的选

一、怎样正确认识自己

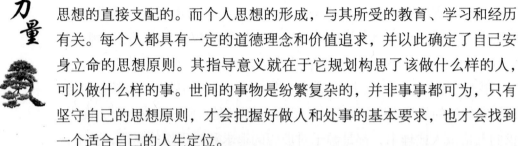

择，都要基于自身的条件而定，并保持平衡、平静的心态去面对事物，以此达到心理素质的健康。

主动自律，是对处事行为的心理约束。我们的日常行为是受到个人思想的直接支配的。而个人思想的形成，与其所受的教育、学习和经历有关。每个人都具有一定的道德理念和价值追求，并以此确定了自己安身立命的思想原则。其指导意义就在于它规划构思了该做什么样的人，可以做什么样的事。世间的事物是纷繁复杂的，并非事事都可为，只有坚守自己的思想原则，才会把握好做人和处事的基本要求，也才会找到一个适合自己的人生定位。

自律是一种主观的思想检验。在行为发生前，要检验这一行为是否符合自己的做人原则，以确定该不该做。在行为过程中，要检验是否符合自己的处事原则，以避免过程失误。行为结束，无论成功或失败，都要认真总结，从经验或教训中得到感悟，用以修正自己的行为理念，使个人的思想原则更趋成熟。

自律思维应建立在主动意志的基础上，主动自律是自信心的体现。能主动自律，就是对自我意识的超越。切不要等到事态已发展到困难重重了，才想起去规范约束。要使自我监督成为常态行为，并在不断完成自律中，合理节制自己的行为能力，成熟自己的优良个性。

坚定自强，是对行为信心的原始推动。在认识自我的过程中，自省和自律已经解决了能不能做和该怎样做的问题。但能否做好并达到思想目的，则主要取决于信心。相信自己，这是树立信心的根本，坚定了信心就能坚定行为的方向。保持了自强，就能保持事业的动力。

如何实现自强，首先必须充分自信。当你面对困难或者是自己从未经历过的事件时，当然应该谨慎从事，但一定不要心存畏惧，要坚信自己有办法、有能力去处置好面临的问题。当然，也要正视自己的弱点，努力地去学习，以弥补自己能力的不足，而尽可能地发挥自己的长处。坚定自强，你就能自信，拥有信心你就会拥有成功。

企业因缺乏自信而借助虚假宣传，地方因缺乏自信而虚构名人故里，个人因缺乏自信而编造成长经历。凡此乱象，对个人的安身及治业都是极为有害的。

人的一生最重要的是认识自己，这当然是一个逐步成熟的过程。我们的责任始终都在于能够正确地认清自我。自省可自明，自律促自成，自强保自信，这或许是当前在认识自己的思想转化中，应引为借鉴的行为观念。

通过认识自己，可以实现自我肯定和扬弃，就能找准自己的人生位置。做益于社会的人，行利于发展的事。把握主动，去积极乐观地追寻成功，去实现你的人生价值！

点睛：

在人的本能特征中，具有很强烈的自我保护意识，在这种意识的支配下，我们往往喜欢夸大自己的优点，而不乐于去发现自己的不足。

遇事自省，是对处事行为的心态调节；主动自律，是对处事行为的心理约束；坚定自强，是对行为信心的原始推动。

通过对各种曲折经历的不断反省，才会检验出自己有哪方面的能力，能做什么事，会做什么事，清理出自身的缺陷或不足，认识自己的优势或长处。

世间的事物是纷繁复杂的，并非事事都可为，只有坚守自己的思想原则，才会把握好做人和处事的基本要求，也才会找到一个适合自己的人生定位。

扬己之长而避己之短，行能为之事而弃难成之作。凡可为或不可为的选择，都要基于自身的条件而定，并保持平衡、平静的心态去面对事物，以此达到心理素质的健康。

人的一生最重要的是认识自己，这当然是一个逐步成熟的过程。我们的责任始终都在于能够正确地认清自我。自省可自明，自律促自成，自强保自信，这或许是当前在认识自己的思想转化中，应引为借鉴的行为观念。

★ ★ ★ ★ ★ ★ ★ ★ ★ ★

你认为应当怎样才能学会正确地认识自己？

你对自身的当前状态是怎样认识的？

你有自省、自律的体会吗？

二、如何能更好地选择职业

——识己之长　扬长避短　善学勤为

导读：

有的人，事事尝试，不停地扩张着人生的疆土；

还有一些人，精雕细琢，着力挖掘着生命的深度。

人生，除了加法，还有减法。

在职场上，你会做好什么运算呢？

二、如何能更好地选择职业

在职业招聘现场，我们经常会见到两种现象。有的求职者在林林总总的招聘台前，犹豫彷徨，求职书最终一份未投，失意而去。而有的求职者却是忙碌穿行于职场之中，在每一招聘台上都留下他的求职书，四处开花。前一种表现为担心什么事都做不了，因而不敢择业；后一种则表现为似乎什么事都可做，但不知如何去选择。这是存在于求职者中较为普遍的心理状态，忧虑和茫然给求职者造成了极大的心理压力。为什么会产生这种心态呢？从根本上讲是求职者对自身能力认识不足，以致没有足够的思想准备去应对新的工作困难。

职场总是为有准备的人提供机会的，问题是我们往往不知道应该如何准备，或者该做些什么准备？因而面对职业选择时产生了茫然、盲目或者盲动。我认为可以从"认识自己、正确择业和主动适应"这三方面进行探讨。

认识自己。首先，要确定自己的做人原则，明白你准备坚守的思想道德和价值观念，这对指导择业是至关重要的。当然，这种原则并不反映为理想追求，其表现意义在于衡量你自身具备了哪一种思想素质。事前预设了你不能够接受的职业范畴，也就是初步设定了哪种职业是你不应该去选择的。其次，要明白自己的基本能力，包括学识、经验、体能等综合素质。一定要正视自己目前还存在的不足，以规避从业后的矛盾；同时，也要充分认识到自身的长处，用自己的优势去确立择业的信心。

认为自己什么事情都不敢做，则是没有发现自己的能力，而失去信心；认为自己什么事情都能做，自然是没能认识到自己的不足，而显现盲目。只有在客观、正确地认识自己的基础上，才会具备充分的自信，去发现和选择适合自己，并能发挥己之所长的职业。

正确择业。这是职场中最为关键的一步。世间百业，并非什么事情都可以去做。有许多职业，看起来很诱人，但如果有悖于你初定的道德原则，就最好不要勉强从业。凡与自己所学专业不适应或自己专业能力不具备的职业，也最好放弃。因为如果你选择了不适合自己，尤其是力所不及的职业，你将要为此付出更高的机会成本，并且很难取得满意的成就。

择业的过程是很艰难的，经常会茫然而无所适从。这并不要紧，重要的是你要确知自己的能力所在。凡自己所不能的事，暂不选择，而要把自己的长处运用在你适合的职业上，这就是扬长而避短。每个人的能力、学识都是有限的，不可能事事都会，更不可能样样可为。切不要试图对任何职业都去尝试一下，因为你是在无意义地消磨时光，终将一事无成。

有的人初涉职场，只想随意找个职业去历练体会。如不是因当前生计困难所致，我不认同这种思维。因为你的选择不当，会使自己面临从未经历过的困难，你会对自己因不断的失利而丧失生活信心，也会对今后的职业选择产生畏惧。我认为正确的择业思路，应当是首先做好自我分析，明白自己能做什么，不能做什么，并依据自身的长处去思考准备选择职业的意向，带着择业方向和信心去面对职场的考验。如果你选定了适合自己的职业或职务，你就会安于本职，力求取得业绩。这就是择业准备的第一阶段。

不能被动地等待职业去选择你，你要主动地去选择职业。除非你已经获得了骄人的成就，为业界所瞩目，否则你仍然需要为择业继续准备。要对你关注的职业背景有较基本的了解，特别对于职业单位的成长性和发展前景，要有一定的分析和评估，以避免盲目地投身于一个已经陷入泥潭的企业去经受患难与共的历程。

要尽可能地回避与自身能力不适应的职业，知不足当不可勉力为之。而尽量去选择能利己之长，且适合成长进步的职业。如果你面对的职业或者职务同你的预期规划有一些偏离，但只要符合你的基本要求，并具备了一定的发展条件，你仍然应该调整择业目标，去把握住这个机会，果断地做出选择。个人的择业意向，仅仅为你划分了一个选择范围，但在就业环境的影响下，有必要适度地改变初衷，尽量去适应选用方的需求。做适合自己之事，从利于成长之业，这就是择业准备的第二阶段。

二、如何能更好地选择职业

（成长的）**力量**

主动适应。 选择职业或职务都是十分困难的事，往往事与愿违，欲速而不达。有职场择业时的彷徨，受条件限制，不得不选择自己不中意的职业；有分配工作时的无奈，因身不由己，只能接受自己不擅长的职位。我们必须正视的现实，是社会能提供给个人选择的机会并不太多。我们需要用心去权衡，尽可能地去适应就业环境。勇于接受现实，并在现实中寻求发展，这应当是我们的正常思维，也是我们的生存法则。

当面对不顺意的职业或职务时，我们要选择忍耐，持有信心去接受挑战。只需要把握好两个环节。一是善于学习，在专业理论和工作经验上，虚心求教，注重总结，尽快提高业务水平，由学而专。二是要勤于工作，努力实践，不避艰辛，不怕挫折，在勤奋中展现工作能力，进而主动。

善学益于适应，勤为利于进取，你或许就能在新的工作环境中实现新的价值，获得新的职业乐趣。也可以通过努力工作，稳定好当前的职业基础，进而去发现并谋求新的发展。

正确认识自己，认真选择职业，主动适应从业环境，这是我们寻求个人发展进步的基础理念。应该想明白一个道理，我们不是在选择职业，而是在选择生存。那么，只要是有利于生存的机会，我们都有理由去认真地把握。如果你利用好了一切机会，也就构筑了通向成功的道路。

点睛：

职场总是为有准备的人提供机会的，问题是我们往往不知道应该如何准备，或者该做些什么准备。

认识自己。首先要明白你准备坚守的思想道德和价值观念，这对指导择业是至关重要的。一定要正视自己目前还存在的不足，以规避从业后的矛盾。同时也要充分认识到自身的长处，用自己的优势去确立择业的信心。

不能被动地等待职业去选择你，你要主动地去选择职业。除非你已经获得了骄人的成就，为业界所瞩目，否则你仍然需要为择业继续准备。

善学，益于适应；勤为，利于进取。

明白一个道理，我们不是在选择职业，而是在选择生存。做适合自己之事，从利于成长之业。

＊ ＊ ＊ ＊ ＊ ＊ ＊ ＊ ＊ ＊

选择职业，应做好哪些准备？
本文提出的择业观点正确吗？

请回顾一下你的择业经历：

二、如何能更好地选择职业

三、自主创业应当做好哪些准备

——认准方向　确定项目　选择合作　保持耐心

导读：

要想生命圆满，

首先要给自己一个梦想。

有梦想，

再将梦想化作蓝图。

创业的路上，

屈辱与光荣同在，

梦想与成功并存。

如果我问及大家，你想创业吗？我相信大多数读者的回答都会是很肯定的，期望创业，并热衷于创业。的确，有的人一生都在为创业而不懈努力。

参与创业，是人生历程的重要实践。择业而从，参与者的行为具有被动追随的特征，表现为行业的广泛性和人员的普遍性。自主创业，是勇敢者的魅力体现。选业而创，反映出一种主动行为，赋予了创业者很强的责任感和竞争性。

我非常钦佩自主创业者的胆识和勇气，并常为他们所经历的挫折感到困惑。因为在自主创业的队伍中，真正能成功有为者并不多见。很多人都是从满腔激情的创业开始，在历经磨砺后，又改变初衷而归于从业。谈及原因，人们都会罗列出无数的答案，诸如缺少资金，没有市场，能力不足，政策限制，机会难寻，运气不佳等等。一切解释的理由似乎都很充分，而每一种答案里都饱含了创业者的无数艰辛和百般无奈。人们习惯于以成败论英雄，常常把不成功的自主创业者归结为失败者。我认为这种结论对于创业者是很不公平的。

创业的社会意义在于探索。创业是一种受价值理念推动的行为实践，这就蕴含着一定的风险性，并非注定必然成功。自主创业同参与创业的根本区别在于自主创业的目标、内容、方式都是由自己掌控和支配，其责任也必须由自主创业者承担。所以，自主创业需要具有敢为人先的精神和不怕挫折的气魄，而这种精神和气魄并不是谁都具备的。就是因为有了许多不成功的实践，才为我们总结出了许多弥足珍贵的成功经验。因此，创业者始终是有成就的，是前赴后继的创业者们推动着社会历史的进步，他们理应受到社会的尊重。当然，我们也要清楚地认识到，自主创业者仅仅具有精神和勇气是远远不够的，更重要的是必须完成合乎需要的创业准备。世间一切机会都是为有准备者提供的。如果你有志于自主创业，就让我们简要地讨论一下关于创业准备的问题。

创业的方向。 这里所说的方向，指的是行为目标。当开始谋划自主创业时，你首先必须思考的问题是，我打算做什么？应该从事于哪一个

三、自主创业应当做好哪些准备

行业？因此，你应当认真分析当前经济的发展趋势，深入了解市场动态，调查并预测市场的潜在需求，对你感兴趣的职业做出基本的评价。在初步认识社会需要以及政策意向的基础上，审时度势，思考能做什么和不能做什么；顺势而为，寻找创业或投资的价值趋向，找到一个适合于自己的行业范围作为创业的发展方向，这就是自主创业的思想准备。如果没有明确的创业方向，你将会感到诸事可为，却无从插手，因而在茫然中找不到创业的切入点。

创业的内容。当你已经找准了创业方向后，就需要在这个方向的行业中确定具体的创业项目。各种产业的构成都有十分明晰的专业划分，不要试图去开发所有的项目，因为任何创业环境都不可能具备了足够的资金、技术，特别是人力，以提供对你的所有支持。在百业杂陈中，你只能选择其中既符合创业方向，又适合自身条件；既有可见市场，又有能力把持的专业项目，去开始你的创业过程。

确定项目。确定项目时重在专业价值，切忌贪大或求全。技术上起点要高，因其高而彰显优势，易于构建市场。规模上始而宜小，由小而积蓄经验，利于渐进扩展。选准了项目，就为自主创业做好了行动准备。

至此，你可以考虑对创业项目确定一些具体的价值目标了，那么是否就可以开始投入创业了呢？不是，你还需要为项目的启动筹措好与之相当的实力。创业是对能力的挑战。如果你已经认准了方向，选好了项目，那么积蓄实力就是你当下十分紧迫的任务了。

我们常见的情况是，创业者在初始阶段，大多以家人或亲友为基础，组建创业团队。这固然是一种力量结合的模式，但此类家族式企业能获得成功者不多，有成者亦很难保持长时间的繁荣。究其原因有多种，尤为突出的症结是，当家族亲情同规范化治理之间产生矛盾碰撞时，难以找到合适的关系制衡，导致创业行为受到阻碍。这是在组织创业实力时应当十分重视的问题。

选择合作。应当怎样构建创业的实力基础呢？我认为，自主创业者首先应客观地评价自身的专业能力，以及对技术、装备、财力、管理、经营等综合能力的自省。尤其要发现自己的不足，以力求在创业团队中得到弥补。因此，我主张"合作创业"，引入合作者组建创业团队，以同担风险，共谋发展。

如何选择合作者？有三项认识可供体会。其一，合作者对确定的创业方向和专业项目，都应具有共同的参与兴趣和投资热情。其二，合作者之间应相互尊重和信任，对个人背景及品行都比较了解，有一定的感情基础，并有主动合作的愿望。其三，合作者都具有一定的实力，并且各自的能力都有助于创业的需要，合作构成后，可扬长而补短，有利于发挥团体优势；或有可能更好地调动和整合社会资源，提供有效的创业支持。

应当注意，在创业的初期，一切活动都会在摸索中进行，前景尚未可知。因此，不要盲目地引入合作者，也不要轻易地扩充合作者和合作范围。重要的是应组建一个稳定的、健康的合作团队，就能尝试以小规模的创业方式，去实现大企业的创业目标。

保持耐心。有关创业的准备工作进行到这一阶段，似乎都很顺利，可以专注于项目的推进了，但仍有一项准备需要建立，那就是忍耐和信心。

创业的过程是异常艰难的，你必须面对来自于市场、行业、管理、竞争等各方面的挑战，甚至还有难以预料的政策导向和产业调整所产生的社会压力。自主创业的进程绝不会一帆风顺，更非朝夕之功，必定会是十分漫长并且充满困难的过程。

创业者必须做好充分的心理准备，同时要具备预防风险的意识和处理风险的能力。在过程中出现挫折，实在是很平常的事，一定不要慌乱和恐惧。要能忍受挫折带来的各种消极影响，保持耐心，冷静处理。面对危难，合作者要能主动担当，不要相互抱怨，更不要轻言退却。忍耐源于信心，保持信心就能创造希望。坚守忍耐和信心的理念，步步踏实地负重前行，相信你的付出就一定会获得丰厚的回报。

认准方向，意在理顺创业思想；确定项目，利在规范创业行为；选择合作，重在提高创业实力；保持耐心，贵在考验创业意志。

三、自主创业应当做好哪些准备

自主创业的路就在你的脚下，你准备好了吗？让实践去激励并见证勇敢者的行为，我们在热切地期待着你的成功！

点睛：

创业的社会意义在于探索，是一种受价值理念推动的行为实践。

自主创业需要具有敢为人先的精神和不怕挫折的气魄。创业者始终是有成就的，是前赴后继的创业者们推动着社会历史的进步，他们理应受到社会的尊重。

如果没有明确的创业方向，你将会感到诸事可为，却无从插手，因而在茫然中找不到创业的切入点。

你只需选择其中既符合创业方向，又适合自身条件，既有可见市场，又有能力把持的专业项目，去开始你的创业过程。

组建一个稳定的、健康的合作团队，就能尝试以小规模的创业方式，去实现大企业的创业目标。

创业者必须做好充分的心理准备，同时要具备防范风险的意识和处理风险的能力。

忍耐源于信心，保持信心就能创造希望。

★ ★ ★ ★ ★ ★ ★ ★ ★ ★

创业活动一定需要做这些准备吗？为什么？

你是否正在创业？做好了这些准备吗？

四、当你遇到困难时该怎么办

——主动面对 积极处理

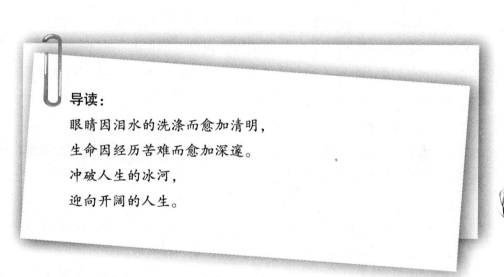

导读：

眼睛因泪水的洗涤而愈加清明，

生命因经历苦难而愈加深邃。

冲破人生的冰河，

迎向开阔的人生。

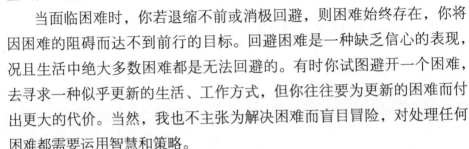

在日常生活、工作中，我们都会遇到许多困难。怎么面对困难，通常有两种态度，其一是主动处理，其二是消极回避。

我历来正视困难，主张积极处理各种困难。我认为，困难是行进途中的障碍，只有去除障碍，才能构筑坦途；同时，困难也是继续进步的基础，只有解决了困难，才能获取经验和教益，丰富自己的人生阅历。

当面临困难时，你若退缩不前或消极回避，则困难始终存在，你将因困难的阻碍而达不到前行的目标。回避困难是一种缺乏信心的表现，况且生活中绝大多数困难都是无法回避的。有时你试图避开一个困难，去寻求一种似乎更新的生活、工作方式，但你往往要为更新的困难而付出更大的代价。当然，我也不主张为解决困难而盲目冒险，对处理任何困难都需要运用智慧和策略。

所谓直面困难，就是不怕困难，勇于接受困难的挑战。首先你要建立信心，相信自己有能力克服这个困难，这就是必需的心理准备，一种积极的思想态度。在有信心的基础上，你要认真分析眼前这个困难对你的影响程度，以确定解决当前困难的必要性。对影响不大或与主要困难关联性不强的问题，都可暂缓处理，而集中主要精力去解决主要困难。对困难问题不能只看表象特征，必须分析其实质内容，并注重其相关的联系。解决困难的实施过程则要量力而为，具体方法当因时因势而定。

回避困难的态度是不可取的，当你面前的实际困难没有解决时，就必然会由此问题引发出更多的、更为复杂的困难。须知任何困难都不是孤立存在的，它都会同许多关联因素相互作用，没有处理好当前的困难，就无法逾越必须经由的障碍，自然也就不能从战胜此困难中赢得经验，享受不到成功的喜悦。

直面困难只是一种生活态度，反映了你的信心和勇气；战胜困难则是一种积极行为，表现了你的能力和智慧。勇于面对困难并努力战胜困难，是人生最重要的实践活动，更是成就人才的最踏实的成功阶梯。

点睛:

　　困难是行进途中的障碍,只有去除障碍,才能构筑坦途;同时,困难也是继续进步的基础,只有解决了困难,才能获取经验和教益,丰富自己的人生阅历。

　　生活中绝大多数困难都是无法回避的,有时你试图避开一个困难,去寻求一种似乎更新的生活、工作方式,但你往往要为新的困难付出更大的代价。

　　解决困难的实施过程则要量力尽力而为,具体方法当因时因势而定。

　　直面困难只是一种生活态度,反映为你的信心和勇气。战胜困难则是一种积极行为,表现了你的能力和智慧。

★ ★ ★ ★ ★ ★ ★ ★ ★ ★ ★

当你在生活、工作中出现困难时,你会采取什么态度去面对?
你是否已做好了充分准备,有勇气去战胜一切困难?

四、当你遇到困难时该怎么办

五、应对矛盾有哪些措施

——规避 消除 适应

导读：

海螺，

于曲折中奋力前行；

人生，

在复杂中生动清晰。

是与非的碰触，

协作中的纷争，

你，

当何以应对矛盾？

我们日常面临的矛盾问题，可以来自于生活、工作、学习、社交、娱乐等各个方面，无所不在，复杂纷繁。只是因为各自所处境遇和个人素质的差异，而使矛盾的特征和程度不尽相同。也就是说，矛盾伴随着我们成长和衰亡的全部过程。

在人生的各个时期、不同阶段都会有各种不同的矛盾问题使我们面临挑战和困难，而最终都是由各种矛盾在推动我们的成长和进步。明白了这一点，我们就应该坦然地面对矛盾，不因矛盾的复杂性而阻碍我们生活的进程。同时，我们也必须认真处理好各种矛盾，理顺关系，排除障碍，使我们的生活道路更畅通。

应该怎样处理矛盾？我提出处理问题的三步骤，可供你在排解矛盾时借鉴。

第一步，**规避矛盾**。请注意，我这里指的是规避而不是回避或绕行。所谓规避，是应用有关的规制与条律，或采用合理的行为措施，通过适当的调节方式，使自己不会直接面对矛盾，或者不至于成为矛盾的主体，以减小此矛盾对你产生的影响。

实施规避方法，通常应当是在你预见到矛盾即将产生或刚意识到矛盾初显时，就弄清楚产生矛盾的原因、所关乎的问题和自身的涉及程度。尽可能在矛盾尚未构成影响时，通过合乎情理的调节和疏通，转化矛盾的形成因素，或减小矛盾的发生几率；适度改变一下自己的预设计划或行为方式，必要时做出可行且有利的让步，使自己不至于成为矛盾的主要方面。规避矛盾的关键是有预见性和处理技巧，但仍应坚持以履职尽责为前提。那种推卸责任，或试图绕开矛盾的方式是切不可为的。

第二步，**解决矛盾**。当矛盾已经产生，且无法规避时，就必须选择直接面对，并设法解决矛盾。怎么解决呢？首先，应客观地分析矛盾的性质，确认此矛盾对你的工作或生活形成的影响程度；其次，应了解此矛盾是在什么原因和相关条件下产生的，找出构成矛盾的主要因素，以权衡自身的能力是否具备解决矛盾的可能性。要注意，分析矛盾时忌带主观性，应当从客观现象追根寻源，才能找准解决矛盾的切入点。此后，

五、应对矛盾有哪些措施

就该从速地着手解决问题了。

我主张当矛盾无法规避且对事态有重大影响时， 定要快速处理，延误的结果往往会使矛盾扩大。解决矛盾有三种思路：一是始终抓住主要矛盾，先行排解，则次要矛盾更易于处理；二是先排除外围产生的关联性矛盾，而孤立主要矛盾，使之缺少扩大影响的基础条件；三是利用其他矛盾去牵制、分化并最终化解主要矛盾。手法不一而足，重在处置效果。

第三步，**适应矛盾**。世间很多事情都是不尽如人意的。当矛盾产生，而你无法规避，又不能正确解决时，你就得做出退让，学会适应。特别是当你和自己的领导或管理规约产生矛盾时，例如领导的个人素质、处事方法，单位的规章制度、团体氛围等使你难以接受，但又无法改变受制管理的现状时，你就得心存敬畏，做好忍让和调整，尽可能地淡化当前矛盾的程度，较快地去适应领导和环境。要学会忍耐，在忍耐中控制情绪，寻找机会。这是保护自己、积蓄实力的必要措施。

对矛盾的规避和解决是主动行为，应视自身所在的职业环境和工作条件，尤其是你所具备的主观能力而定。规避矛盾需要的是处事技巧，解决矛盾则重在思维策略，这两方面都具行为主动性，都是可以通过努力或应用有效的措施去实现个人主导的。

适应矛盾则是一种被动性的行为，从现象而言，事实上我们在人生中的绝大部分时期都是在适应矛盾，这是我们成长经历的必然过程。被动地去接受并逐渐去适应，看起来似乎多少显得无可奈何，但这未尝不是一种策略需要。从人们的成长特性可以看出，任何适应状态都不可能长久不变，会适应也是需要勇气和智慧的。凡矢志成材者，就会在适应矛盾的过程中，把握住时机，逐步由被动转变为主动，那么当初的矛盾自然就会转化为你成长道路上的新的推动力。

点睛：

矛盾伴随于我们成长和衰亡的全过程。在人生的各个时期、不同阶段，都会有各种不同的矛盾问题使我们面临挑战和困难，而最终都是由各种矛盾在推动我们的成长和进步。

规避矛盾。应用有关的规制条律，或采用合理的行为措施，通过适当的调节方式，使自己不直接面对矛盾，或者不至于成为矛盾的主体，以减少此矛盾对你的直接影响。

解决矛盾。一是始终抓住主要矛盾，先行排解；二是先排除外围产生的关联性矛盾，而孤立主要矛盾；三是利用其他矛盾去牵制、分化并最终化解主要矛盾。

适应矛盾。当矛盾已经产生，而你无法规避，又不能正确解决时，就得做出退让，学会适应。这是保护自己、积蓄实力的必要措施。

要学会忍耐，在忍耐中控制情绪，寻找机会。这是保护自己、积蓄实力的必要措施。凡矢志成材者，就会在适应矛盾的过程中，把握住时机，逐步由被动转变为主动。

★ ★ ★ ★ ★ ★ ★ ★ ★ ★ ★

处理矛盾的三种方法，你认为实用吗？

想一想你是怎么处理矛盾的？

你学会了适应矛盾吗？

五、应对矛盾有哪些措施

六、应该怎样进行情绪管理

——自控　控制　调节　运用

导读：

情绪的房间不打扫就会落满灰尘。

蒙尘的心发现不了生命的本色，

就会失去幸福的能力。

在收拾房间的时候，

也请将情绪收纳。

情绪是因人的心理状况而产生的表现形态，凡喜、怒、哀、乐、惧、爱、恶的诸种心态，都会因其具体的表现而使他人或环境得以感知。因此，情绪具有鲜明的个性特征和影响作用。

每个人的心态都会因时或因事而发生变化，没有、也绝不可能只有一种恒久不变的心境。个人情绪的流露应当是归于自然而无可厚非的。只有当个人的情绪已感染到身边事物，并影响到所在环境中人们的正常生活、工作秩序时，才必须对这种情绪实行管理。其基本目的在于抑制消极，保护进步。这是在现代管理学科中基于人性化的管理内容，也是领导者、管理者们十分重视的问题。

情绪管理应包括管理自己的情绪和驾驭他人的情绪这两个方面，同时也要体现转化情绪和运用情绪的策略思考。

自控情绪，是对自己情绪的管理行为。当个人因心情改变而导致一种新的情绪产生时，不要试图去压抑这种情绪的流露，因为常人是很难达到喜怒不形于色的修为境界的。有情绪就需要发泄，以缓解心理上的压力，减轻思想负担。但发泄情绪切不可随意而为，有的人想哭就哭，想闹就闹，放纵自己的情绪，任意发泄，还自诩为"耿直"。须知这类"耿直"既影响了身边的情绪氛围，也损害了自身的素质形象。应当怎样发泄个人情绪呢？我认为重在把握好场合和程度，不要在公众场合放纵自己的情绪，即使是在有条件释放情绪的环境中，也要控制释放的程度。如果你的情绪对他人或身边事物造成了压力性影响甚至伤害，那么你不仅伤及自身，还不可避免地要为此产生的后果付出一定的代价。

作为管理者，尤其要注重管理自己的情绪。对个人情绪的处置不当，会降低领导威信，影响同上级或部属的关系，伤害同合作者的友谊，其不良后果是很直接的。我主张当你因失落而心情郁闷时，可以向朋友倾诉；当你为成功而难禁喜悦时，应当同朋友分享；当你由矛盾而心怀不悦时，可以同当事者个别交流。凡此方法，都需遵守一个思想原则：控制情绪，但不是压抑情绪；发泄情绪，但不能扩散影响。无论获得多大的成功，也无论遭遇多大的打击，都要善于冷静面对。由喜或忧而产生形色表现是不可避免的，但切不可因情绪影响而干扰了你的管理思维。

对个人情绪能否实行有效的自控，是对管理者心理素质的考量，要能承受各种心理压力，处变不惊，切忌浮躁。时时保持一种动静泰然的心境，则上级领导会因你的稳重而寄予信任，同事会因你的善处而关系融洽，部属员工会因你的冷静而充满信心。

控制情绪，是对他人情绪的驾驭行为。事物事态的变化，会引起当事者个人或者群体的思想波动。当波动演化为某种情绪时，无论其表现是积极的或消极的形式，领导者都应对这种情绪实行管理。

情绪的感染力极强，传播十分迅速，如任其扩散，积极的情绪易导致行为冲动，消极的情绪会引发士气低沉，过度的欣喜会产生骄纵，过分的忧虑能致人恐惧。由此而知，控制情绪的本质意义不是压制情绪，而是让情绪在可以容忍、可以管理的条件下存在并使之适度。

职工个人情绪的流露，对调节自身心态是有好处的，管理者不必进行干预。但当这种个人情绪会转化为多人甚至群体的情感趋向时，就必须去重视、去分析产生这种情绪的直接原因，并认真疏导，及时消除不利影响。对情绪的控制不能如行政管理一样去施加制度规约，也不可能实行量化限制。较为有效的措施，应当是通过对情绪产物的调节或运用，来保障单位或团体的正常秩序，达到管理的目的。

调节情绪，是对大众情绪现象的输导。当情绪悲观时，要给予鼓励，让职工看到希望，树立信心；当情绪激昂时，要警示困难，让职工冷静行为，避免盲动。情绪疏导的基本思维是以理服人。任何情绪的产生和蔓延，都有一个持续过程，不会突然中止，这就更需要管理者的耐心。

无论是什么表现情绪，只要是过度的张扬，都会产生不利的结果。过喜则骄，过怒则恶，过忧则惧，过烦则怒，过悲则伤，过乐则狂。管理者如果明白了这个道理，就应主动地去做好思想引导，调节群体情绪，让情绪不致恶化。要使职工能从悲观情绪中看到机会，从亢奋情绪中认清困难，分解不适当的思想因素，促使职工情绪向有利的方向转化。

运用情绪，是对情绪现象的价值管理。职工中的情绪是多样化的，因人而异，因事而变。当个别情绪有可能演化为某种大众思潮时，管理者要及时关注，对不利的情绪进行输导，尽可能减少带有倾向性的情绪凝聚，避免产生情绪化反应。但对符合管理者意志的情绪，则应着意于培养和恰当地运用，使之能成为群体情绪的主流。运用情绪趋向中的积极价值，以帮助并推动管理者实现管理意图。

有的时候，基于管理策略，对不当的情绪也可以适度运用，当然其动机只是在于激发有利情绪的形成。上级领导如感知不利情绪，可以对决策思维重新审视；竞争对手如感知不利情绪，也可能因为压力而改变竞争条件。

积极的思想情感能对消极情绪产生自然抑制的作用。古往今来的社会发展历程，都向我们揭示了无数深刻的史实。正确地运用情绪，小则可影响事态的趋势，大则可改变历史的进程。

情绪管理不是工作技巧，其实质意义是以人为本思想的行为体现。能自控，重控制，善调解，可运用，这是进行情绪管理的基本思维，或许也是现代领导者应当具备并愈显重要的管理素质。

点睛：

个人情绪的流露应当是归于自然而无可厚非的。只有当个人的情绪已感染到身边事物，并影响到所在环境中人们的正常生活、工作秩序时，才必须对这种情绪实行管理。

情绪自控，是对自己情绪的管理行为。情绪的发泄重在把握好场合和程度，不要在公众场合放纵自己的情绪；即使是在有条件释放情绪的环境中，也要控制释放的程度。

情绪控制，是对他人情绪的驾驭行为。不能如行政管理一样去施加制度规约，也不可能实行量化限制。控制情绪的本质意义不是压制情绪，而是让情绪在可以容忍、可以管理的条件下存在并使

六、应该怎样进行情绪管理

之适度。

情绪调节，是对大众情绪现象的输导。管理者要以理服人，分解不适当的思想因素，促使员工情绪向有利的方向转化。

情绪运用，是对情绪现象的价值管理。对于积极情绪进行利用，对不当的情绪实行转化。正确地运用情绪，小则可影响事态的趋势，大则可改变历史的进程。

无论是什么样的情绪表现，只要是过度的张扬，都会产生不利的结果。过喜则骄，过怒则恶，过忧则惧，过烦则怒，过悲则伤，过乐则狂。

★ ★ ★ ★ ★ ★ ★ ★ ★ ★

你有情绪化的表现倾向吗？

你会用什么方法去管理情绪？

七、谈谈如何主持会议

——明确主题　胸怀主见　注重调节　及时决断

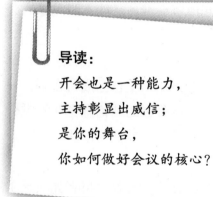

导读：

开会也是一种能力，

主持彰显出威信；

是你的舞台，

你如何做好会议的核心？

主持会议，是工作责任的需要。但能否主持好会议，并使之产生积极的会议成果，这就应当是管理者能力的体现。常有人向我问及，会议应当如何主持？会议中有争议怎么办？这类问题的确是管理者都应注重的，我想以"主题、主见、调节、决断"这八个字为认识基础，向你提供一点方法。

明确主题，是会议的基本原则。无论召开何种会议，都必须确定一个主题。会议的主持者应当有一个明确的思路，并在会议之始就向与会人员明确表达：本次会议研究什么内容，期望通过会议解决什么问题，以利于会议突出主题，集中意志。不能盲目地召集会议，更不能在会议中漫无目标地随意讨论与本次会议无所相干的内容。

会议的主题应当是在会议前就确定了的，没有特别的原因，不能在上会以后另行确立主题。通知会议时，通常应该向参会者告知本次会议的研究主题，也使与会者做好必要的思想或资料准备。凡不明主题的会议就不应召开。

胸怀主见，是会议的预应策略。会议的主持者应该在上会之前，对于本次会议讨论的内容和结论有一个初步的意见，使自己成竹在胸，只是决不可先行提示结论。这一点非常重要。或许你的结论意见并不完全正确，你可以在同与会者商议中补充或修正，这样就能易于获得正确意见并得以肯定。

当你心中无数时，一定不要盲目地召集会议，会议主持者如缺乏主观见解，其后果是会失去主持会议的主导性。因自己心无主见，而不能明辨与会者讨论的是非，当意见分歧时，主持者就会无法引导会议围绕主题并形成正确的决议。

注重调节，是会议的主持技巧。当会议产生争议时，主持者一定要耐心倾听不同的声音，并善于快速地做出分析。要吸纳争论中反映出的正确意见，博采众长，比较自己原已构思的初步想法，以修正或丰富自己对会议主题的结论。要通过对会议的引导，使自己的意见得到认同。如果你的初步意见是不正确的，则不能固执己见，一定要认真修正，使会议形成正确的意见。

这种调节之所以称为技巧，是因为你事前并没有向会议讲明你的结论，会议是在公平民主的状态下进行的，与会者也并不知道主持人的最终意见。当经过会议修正或丰富了你的构想后，你做出的结论一定是很有说服力的，这无疑体现出了主持者的领导能力。

及时决断，是会议的成果归宿。任何会议都必须有一个结论，有的结论或许不是主题内容的最终结果，但当本次会议必须要有结论性的意见时，就要看会议主持者承担责任的能力了。因此，主持会议者必须掌握会议的主动权，要根据会议的进程，实时调节会议的气氛，引导会议始终围绕主题进行讨论。由于会前心中有数，会上主动调节，则会议的结论当不难做出。做出决断，才能体现出对与会者的尊重，也才能体现出"议必有决"的会议原则。

如果会议中出现意外情况，与会者意见分歧很大，难以统一，怎么办？此时有两种解决办法：如议题急迫，必须立即解决，则会议主持人应果断做出结论，并做好承担责任的准备；如并非紧急，则可缓议，使参会者进一步思考或协商，但必须确定召开下一次会议继续讨论的时间。

有一种不合常规的会议形式，主持者在没进行会议讨论的情况下就宣布了会议的结论，这种"未议而决或不议先决"的现象是很不正常的。但是当事态面临特殊紧迫的情形时，领导者当机立断地做出决定，则可以制止或避免发生危机。此时，作为应急需要，不进行会议讨论是必要的，甚至是必须的。但无此特殊情形时，"未议而决"则是强加于人，于工作极为有害。采取这种手段者，或因方法简单，或因策略需要，但无论什么原因都是不能效仿的。

明确主题，才可召集会议。胸怀主见，才能主持会议。注重调节，就能掌控会议。及时决断，方为有效会议。当你作为会议主持者时，不妨据此为之。

点睛：

🌊 明确主题是会议的基本原则。主持者应当有一个明确的思路，不能盲目地召集会议，更不能在会议中漫无目标地随意讨论与本次会议无关的内容。

🌊 胸怀主见是会议的预应策略。主持者在上会之前就应对于本次会议讨论的内容和结论有一个初步的意见，使自己成竹在胸，否则会失去对主持会议的主导性。

🌊 注重调节是会议的主持技巧，主持者要耐心倾听不同意见，并善于快速地做出分析，比较自己原已构思的初步想法，博采众长，以修正或丰富自己对会议主题的结论。

🌊 及时决断是会议的成果归宿。任何会议都必须有一个结论性的意见，才能体现出对与会者的尊重，也才能体现出"议必有决"的会议原则。问题的关键在于会议主持者承担责任的能力。

＊ ＊ ＊ ＊ ＊ ＊ ＊ ＊ ＊ ＊ ＊

在此之前，你是如何主持会议的？效果怎样？

你是否已经掌握了主持会议的基本方法？

你有过不成功的会议案例吗？交流一下：

八、能提高大会演讲效果的几点技巧

——听众　主题　节奏　激情

导读：

苏秦游说数国，合纵连横；

孔明舌战群儒，力排众议；

哪里有声音，哪里就有力量。

穿透亘古时空，

跨越广阔空间，

渗入不同心灵。

而你，准备如何传递声音？

演讲是一种十分有效的传播手段，更是一种能立竿见影的宣传技巧。善演讲者，能扩展自己的思想或理念，使受众深受感染，为之诚服。其产生的直接作用较于一般会议或报刊更为迅速、准确和深入。

作为管理者，有较多的演讲机会，也有完全不同的演讲场合。他们经常需要与听众进行面对面的交流，这样可以降低管理成本，更可以提高管理效率。因此要注重掌握演讲技巧，并运用演讲行为，改善或塑造企业以及自身的形象。

怎样演讲才会产生好的演讲效果？这是一些朋友经常向我提出的问题。严格地讲，我也没有什么高招，既无政治家摇唇鼓舌之技，更无演说者口若悬河之能。仅从经验而言，我认为只要把握好听众、主题、节奏、激情这四个方面，你就会完成一次很好的演讲。

听众。演讲前，你一定要认真了解你的听众构成，将会有哪些人群听你的演讲，包括他们来自哪些阶层、文化范围、感知程度等。特别应分析听众对本次演讲的兴趣是什么，以利于你找准演讲主题，或为主题提供听众有兴趣的辅助内容。应当知道，凡是听众不感兴趣的演讲，就一定不会产生积极的效果。

主题。任何形式的演讲，都必须要有一个主题，否则就是信口开河，不着边际的闲聊，或者成为评书散打式表演。通常情况下，演讲主题都是事先确定了的，你的演讲始终都要围绕这个主题而展开。当你对听众的构成有较深入的分析后，在你的演讲中就要很恰当地加入对现场听众有针对性的、与会听众比较关心的内容。讲话过程不要照本宣读，要有适度的灵活性。

我主张演讲应重提纲，而轻文本。由于提纲是对主题的引领，重提纲则不会偏离主题，并且利于你临场发挥而不受讲稿文本的制约，会提高听众的感知热情。如果照文本宣读，就会显得枯燥而乏味。当然，凡以确定或是贯彻上级方针政策为主题的工作会议，必须宣读已准备好的文件或文稿，以示严肃慎重。但演讲会议则不同，会议形式是需要活跃和热情的。因此，始终围绕主题，针对现场听众，采用提纲式的演讲，是应当提倡的有效方法。

节奏。节奏是对演讲过程的观察和把握。演讲者要始终面对听众，始终注意观察现场的气氛。如果听众有躁动，有离场，这已经表明你的演讲使听众失去了耐心，演讲者就必须及时调整讲话的内容，增添一些能吸引听众的元素，不是固执于一种讲话形态，生硬地去强迫听众接受你的宣传；要及时调节演讲的声调、语速、手势甚至面部表情，以提高听众对演讲内容的关注程度。作为演讲者，你需要的是得到听众的认同或共鸣，没有效果的演讲，不过是一场为完成任务而进行的枯燥表现。

激情。激情是演讲者的情绪，会对听众产生直接的感染力。你应该从始至终保持充沛的精力和令人感动的激情，或坐或站，或挥手，或微笑，肢体动静、语调抑扬，都是为你的主题服务的，为的是更能彰显演讲的目的，丰富你的演讲内容，以你的激情去调动听众的热情。一定要注意，无论发生什么情况，演讲者都必须保持镇定，冷静地接受听众的情绪反应，用热情面对听众，并迅速地调节会场的气氛。只有当听众被你的激情感动，能与你的情绪共鸣时，你的演讲才能收到好的效果。

一个优秀的管理者，应该具有较强的语言表达和驾驭能力，无论在会议上，或是在演讲中，都能很清晰地凝聚思路，很简明地阐述观点。努力地去锻炼并提高这种能力吧，听众会因此而受到感召，你也会由此而得到敬慕。

点睛：

🌸 演讲是一种十分有效的传播手段，更是一种能立竿见影的宣传技巧。

🌸 关注听众。认真了解听众的构成，凡是听众不感兴趣的演讲，就一定不会产生积极的效果。

🌸 切合主题。任何形式的演讲，都必须要有一个主题，始终围绕主题，针对现场听众，采用提纲式的演讲，是应当提倡的有效方法。

把握节奏。它是对演讲过程的观察和把握。及时调节表达方式以提高听众对演讲内容的关注程度。演讲需要得到听众的认同或共鸣。没有效果的演讲，不过是一场为完成任务而进行的枯燥表现。

保持激情。演讲者的情绪，会对听众产生直接的感染力。要保持充沛的精力和令人感动的激情，用热情面对听众，与听众情绪产生共鸣。

★ ★ ★ ★ ★ ★ ★ ★ ★ ★

你喜欢演讲吗？你希望你的演讲达到什么效果？

文中提示的方法，应当如何应用？

试做一个简要的演讲提纲：

九、管理团队应当如何议事

——坚守原则　民主协商

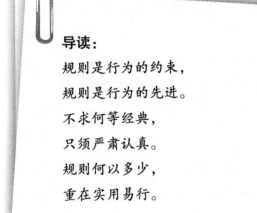

导读：

规则是行为的约束，

规则是行为的先进。

不求何等经典，

只须严肃认真。

规则何以多少，

重在实用易行。

（成长的）
力量

无论企业的体制为国有或民营，基于管理的需要，都会构成不同规模、不等规格的工作团队，相关单位或部门都由责任团队实行日常管理。既然有团队，当然就不能总由个人做主，就有必要健全集体议事的管理规则，认真实行民主协商，落实既民主议事又集中决策的团队管理机制。

本企业或本单位在当前阶段的工作目标和发展利益，是管理团队集体必须坚持的行为原则，团队议事的任何结果，都不能损伤或削弱这个原则。团队内不能独断专行，应当调动团队成员的积极性，大家共同努力。因此，必须通过民主的议事规则，协商团队的相关事务。参考以下方法，或能对如何议事的问题有一些启示。

对于重大问题，提议者要在会前先向团队主要领导提出报告。这既体现了对上级的尊重，更重要的是必须让决策者有一定的思想准备。同时，应同议案内容中涉及的分管领导在会前进行沟通，做好必要的交流后，再提交会议讨论。这种方法，可以有效地协调团队成员间的关系，减少会议分歧，以利于形成会上决议的共识基础。

非特别原因，一定不要在会议上提出突然性的议案，也不要在分管领导缺席时提出问题讨论。凡是缺少沟通条件的议事，都很难在团队中达成实质性的结果。

对一般问题，可随议随决。团队应明确议事规则，使阶段性会议的时间制度化。例如，每周一次的常规例会，以便于团队成员能主动地安排日常管理的工作程序。

企业的管理重在有序，因有序则循序而为，不必凡事都依赖于会议研究。很多有争议的事务都可以通过协商解决，不要事事上会，更不要随心所欲地召集无关紧要的会议。

有的领导者热衷于会议，并经常召开突然性会议，使团队成员无所适从，缺少主动意识，工作难以有序安排。其结果是影响了团队应遵循的规则，也降低了团队议事的严肃性。

任何议事，都难免会产生不同认识，不可能在所有的问题上都能达成完全一致的意见。但这种状况并无大碍。凡会议的议题在讨论中分歧较大时，有两种办法：如所议事项紧迫，但因分歧以致议而难决时，团队主要领导要当机立断，敢于决策，并主动承担由此决策后的责任，使紧迫事项能尽快实施；如所议事项并非紧迫，则可缓时再议，或向上级报告后再议，切不要强行决定或强制实施。

应当明白，团队大事只有在达成共识的基础上，才利于推动，否则将产生较多的消极因素，影响到工作的进程。

坚持团队集体议事的原则，能较好地保障管理行为的正确性，能有效地限制不当的个人作用，亦可适度地预防职务犯罪。当议事完成后，团队成员都应当切实执行少数服从多数和下级服从上级的管理纪律，积极地推进团队决议，以形成团队凝聚力和整体的推动力。

点睛：

当前阶段的工作目标和发展利益，是管理团队必须坚持的集体原则。

凡重大的问题，提议者要在会前先向团队主要领导提出报告，这既体现了对上级的尊重，更重要的是必须让决策者有一定的思想准备。

团队应明确议事规则，确定阶段性会议时间。尽量避免安排突然性会议。

企业管理重在有序，循序而为。多作协商，少开会议。

团队大事只有在达成共识的基础上，才利于推动，否则将产生较多的消极因素，影响到工作的进程。

九、管理团队应当如何议事

（成长的）

力量

坚持团队集体议事的原则，能较好地保障管理行为的正确性，能有效地限制不当的个人作用，亦可适度地预防职务犯罪。

★ ★ ★ ★ ★ ★ ★ ★ ★ ★

你所在的团队有明确的议事规则吗？

本文所述的议事方法，对你所在或你管理下的团队有实用价值吗？

谈谈你们的议事办法和效果：

十、应当怎样抓好团队的管理工作

——责任明晰　任务均衡　及时沟通　主动担责　积极帮助

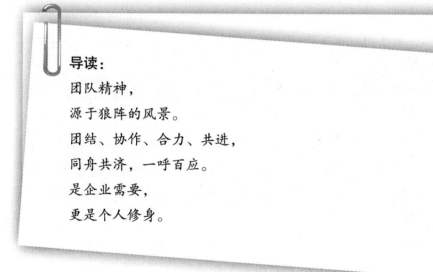

导读:

团队精神,

源于狼阵的风景。

团结、协作、合力、共进,

同舟共济,一呼百应。

是企业需要,

更是个人修身。

作为单位或部门的组织者，无论你管理的规模或大或小，权限或多或少，都一定会面对如何协调团队关系、如何有效推动工作的问题。这类问题虽很普通，但因直接涉及到权利、责任和人际关系，因此不太容易妥善处理。思想方法中的核心理念应当是"和谐和互助"。其工作方法则应注重以下几个方面。

责任明晰。指团队中每个成员都必须明确职责，分清各自的工作内容和权限界定，知道自己该干什么，该承担何种责任。这是团队工作中的重要环节。团队成员都应明确自己的身份定位和具体责任，并确定工作目标，能积极地承担责任压力。如果没有责任意识，团队成员中将会产生行为散乱、无所事事的现象，影响团队的意志聚合，同时你也就很难对团队的效能做出量化考核。

对成员日常工作的安排，应尽可能按其职责，合理布置。任何不循岗位职责的随意指派，都只会造成管理责任的混乱。有时基于特殊情况，有必要对个别岗位的工作适度交叉或临时调配，但界面必须清楚，责任不可模糊，更不可以事无主责。凡发生职责混淆的，都不利于责任管理和工作延续。

任务均衡。体现为对成员之间的工作任务安排，轻重要适度。都应当较为充实，不能厚此薄彼，而显现于忙闲不均。工作量、工作时长或对周期性工作的实时调度，都要处置有道，交流有序，并保持大体上相对均衡。一旦出现有人忙碌不堪，有人闲暇无事，领导者就要及时调节，使整个团队能协调运作；否则，多忙者会因太劳累而产生抱怨，常闲者会因无业绩而导致忧烦。

有的管理者，不明白由均衡而致和谐的团队规律，常以自己的好恶或当时的情绪，随意布置团队成员的工作。这往往会造成能办事的人，事情越办越多，有时孤立无助。而办事少的人，则会感到缺少信任而时常心中不安。这种状况无论对忙者、闲者的积极性都造成了伤害，会直接影响到团队的协调气氛，是当引以为戒的。

及时沟通。当团队工作中出现问题或团队成员的工作产生困难时，领导者要及时了解情况，与相关责任人员商议解决办法。经常听到有一种管理学的经典理论，大意是"只重结果，不看过程"。我不赞同这种观点，因为任何过程都是和结果密切相关的。错误的行为必然会导致错误的结果，只有优化了过程，才能保障结果的成功。

我主张凡是直接担负管理责任的单位或部门的领导者，都要注重对过程的适时管理。凡在实施过程中产生的问题或障碍，领导者都有责任掌握情况，并积极帮助解决，以减少过程处置中的复杂性。让更高层的领导去看重结果吧，我们需要的是掌控过程。要习惯于做好及时的沟通和交流，不要等到问题累积到不可收拾才出面去处理残局，这虽然可以表现出领导者的应变能力，但对你管理下的工作进程会造成很不利的影响。

主动担责。团队是一个群体，团队内的各项事务都是相互关联的，群体意识体现于"荣辱与共，利害相关"。因此，领导者要为团队的建设和进步承担直接的责任。凡团队工作中的过失，领导者都要主动负责，不回避，不推诿，不饰非，不责难，从实际行为上使团队成员感受到你和他们在共担风险。他们也会因你敢于担当的气度而减少了后顾之忧，能放心大胆地从事工作。

积极帮助。团队中任何环节的工作显现不力时，领导者都要热情、耐心地给以帮助。这里需要强调的是主动帮助。当他人遇到困难时，你如果主动地帮助了他，则在你有困难时，他也会自觉地为你提供帮助。因此，帮助他人也就是帮助了自己。要形成团队内的互助精神，相互的帮助，既能有效地促进工作，更能凝聚团队的"和谐共生，互助共进"的合作氛围。要在同事之间养成相互帮助、合作促进的工作习惯。

有此团队，为同事者因相处和谐而心情愉悦，为领导者因责任有度而管理轻松。循此方法，做好团队管理工作尚有何难？

点睛：

责任明晰。分清各自的工作内容和权限界定，责任不可模糊，更不可以事无主责。团队成员都应明确自己的身份定位和具体责任，并确定工作目标，能积极地承担责任、压力。

任务均衡。工作任务轻重适度。对于工作量、工作时长或对周期性工作的临时调度，保持大体上相对均衡，不能忙闲不均；否则，多忙者会因劳累而生怨，常闲者会因无绩而致烦。

及时沟通。错误的行为必然会导致错误的结果，只有优化了过程，才能保障结果的成功。要注重过程管理，习惯于及时的沟通和交流，不要等到问题累积到不可收拾才出面去处理残局。

主动担责。凡团队工作中的过失，领导者都要主动负责，不回避，不推诿，不饰非，不责难，从实际行为上使团队成员感受到你和他们在共担风险。

积极帮助。要形成团队内的互助精神。相互的帮助，既能有效地促进工作，更能凝聚团队的"和谐共生，互助共进"的合作氛围。

★ ★ ★ ★ ★ ★ ★ ★ ★ ★

什么原因会导致团队的不和与无序？

你如果主持团队工作，应当如何管理？

十一、正确处理管理部门之间的工作障碍

——控制矛盾　主动协调

导读：

企业不仅是经济的生命体，

更是职工共同的生命体。

共同，

意味着

协商、调解、聚力、合作，

然后共赢、共享。

企业内外的各项工作，都是由各管理部门之间相互配合、协同推进的。在配合过程中产生矛盾，也是常有的事情，其责任关系总有主次之分。这类问题的关键在于各个部门都有上级主管领导，如处置不当，则会影响到其主管领导的权利和责任。因此，在部门之间的越权处置是管理团队之大忌。

当问题出现后，各部门之间应主动协商解决。如果协调无果，当事责任部门的主管领导应从大局出发，控制住矛盾，使之不产生更大的影响，并积极地做好同相关部门的深入协调工作。

可采用如下方法：

一是由责任方的主管领导发起，及时与协同方的主管领导交换意见，认真地协商解决办法。经过领导层的商议，各自去做好其主管部门的工作，暂停一切有争议的活动，积极降低影响，尽快消除矛盾。

二是当问题紧迫，有应急需要时，为了不至耽误对突发事务的处理，责任部门的主管领导可以直接召集非主管的当事方会商，当机权变，果断处理。但一定注意，在此后要立即同当事方的主管领导沟通，以求得对方的理解和认同。如非特殊原因，都应在对方同意后，方予实施处置行为。

在这个问题上，两种方法都重在与相关部门主管领导之间的交流沟通上。强调协商合作，切不可我行我素，随意自为，更不要超越权限去干涉他人主管的工作。如果是企业的主要领导亲自处理了这类问题，事后也应同相关的主管领导说明情况，以达成共识。

由此可知，企业主管领导之间注重协商是解决部门合作障碍的主要方法。为什么要指出这个问题呢？在企业或单位的日常运作中，经常会出现无端干涉他人主管业务的现象，自作主张地插手非主管部门的工作，造成员工无所适从，责任关系失调。产生这种状况，有的是因领导者工作热情很高，但缺乏合作常识，属于方法不当；而有的则是领导者意在揽权，突出个人能力，这就应当是意识有误了。

同为企业管理者，必须先有相互尊重，才有相互配合。当出现部门配合不力时，各自都不要偏听偏信，更不能只维护本主管或本部门的利益，不要推卸本部门的责任，而忽视了整体协调。

处理部门间的矛盾，主管者都要有大局观念，出以公心，主动协商，也会减少人为的误会。这也是管理者在协同工作中应十分重视的思想方法问题。

点睛：

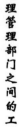 当问题出现后，各部门之间应主动协商解决。如果协调无果，当事责任部门的主管领导应从大局出发，控制住矛盾，使之不产生更大的影响。

重在与相关部门主管领导之间的交流沟通上。强调协商合作，切不可我行我素，随意自为，更不要超越权限去干涉他人主管的工作。

当出现部门配合不力时，各自都不要偏听偏信，更不能只维护本主管或本部门的利益，不要推卸本部门的责任，而忽视了整体协调。

★ ★ ★ ★ ★ ★ ★ ★ ★ ★ ★

处理部门之间的矛盾是较为不易的，关键在主管部门领导之间的协调。如果你是主管领导，你会如何处理？

十一、正确处理管理部门之间的工作障碍

111

十二、如何发挥部门的管理责任

——责权一体　协作制衡

导读：

管理是细节的艺术，

成于细节的累积。

在部门这个管理的节点，

如何从优秀走向卓越？

企业的各项工作是由相关的部门组织并推动的，平常业务也是由责任部门按程序实施管理。积极发挥部门的管理责任，是企业管理工作中极其重要的内容。部门安定则管理顺利。在如何发挥部门责任方面，我建议注重以下方法。

划定职责，明确权利。应使责权归于一体。必须在企业内对各机关部门的责任和权限实行明确划分，并一定要行文公告，建立部门对相关工作的管理权威，同时也有利于员工对部门责任的了解和监督。要逐步健全对管理部门的考核措施，构成企业内行之有效的监管机制。

领导者应主动支持部门的工作，但切不要随意干涉部门的工作流程，更不可擅用权力去更改部门工作的正常秩序。部门发生的一般性工作过失，也应主要由部门自行纠正，不要轻易指责。要经常关注部门的工作状态，注重过程管理，及时掌握部门业务的实施进度，实时进行指导，以减少或避免部门之间的工作矛盾。

注重协作，及时制衡。机关各部门之间必须协同工作，建立科学实用的运作程序。企业要严肃机关工作纪律，部门之间不应互设壁垒，各部门不能自行制定内部规程。更要避免机关工作人员中产生思想结盟，凡此行为都会妨碍部门间的相互协作。领导者要适度控制权力，加强及时协调，任何部门权力都不能使其独大，无论有意或无意，自行扩大本部门权限的行为，都会挫伤其他部门的工作热情。

对部门工作的协调，将直接考验领导者的公正性。虽然部门职责权限各异，但部门地位应当是完全平等的，只有始终保持部门之间相互平等的关系，才能有效地履行部门责任。

在千古不朽的都江堰治水工程中，有一条极为经典的治理法则，叫做"逢正抽心"。我略解其意在于，对水流过急处，采取分流，以避免急流对河床的过度冲击，并减小其对水流导向的牵制作用。把这种物理经验运用于企业管理也是十分有用的。

对部门的权限，应重在控制，并随时保持部门之间权利的适度和平衡。如果有的部门实际行使的权力已超过了规定权限，就一定要及时做好限制和调整，适度分权，以避免因其坐大而干扰了其他部门的正当权益。对不能发挥作用或者已是无足轻重的部门，就应当撤消或者合并，最好不予设置。当各部门都明白自身的责任和重要性，其地位也受到了相应的尊重时，就会产生压力和自觉性，去积极主动地推进本部门的职责性工作。

企业领导者对机关部门的管理，重在坚持各尽其责、团结协调的合作精神。纵观很多企业或单位的工作进展不顺，往往都是部门推动不力所致。而造成部门工作不力的重要原因，常常是部门或上级主管领导的方法不当，不守规程，所施加的不利影响导致了部门工作的混乱无序，使企业的推进能力受到干扰。这类教训是极其深刻的，我们应当认真吸取并时时警醒。

点睛：

划定职责，明确权利，使责权归于一体。健全对管理部门的考核措施，构成企业内行之有效的监管机制。

注重协作，及时制衡。对部门的权限，应重在控制，并随时保持部门之间权利的适度和平衡。

部门地位应当是完全平等的，只有始终保持部门之间相互平等的关系，才能有效地履行部门的责任。

部门之间不应互设壁垒，各部门不能自行制定内部规程，更要避免机关工作人员中产生思想结盟。

* * * * * * * * * * *

对部门的管理要有正确适当的方法，才会有效地发挥部门的作用。你会使用什么办法去管好部门工作？

想想你所在或所管部门的现状，有何感悟？

十三、领导者选用人才的思想方法

——厚德重能　不避亲疏

导读：

企业的最大资产是人才。

因而，管理的另外一个解读又叫做借力。

借人才之力，

成企业之功。

如何用人？是方法，更是思想。

用好人才，是成就，更是责任。

　　培养和使用人才，是企业发展的根本问题。有无人才且人才能否发挥作用，从始至终都是影响事业成败的关键所在。为领导者要从保障企业持续发展的战略高度，去注重对人才的发现、培养和任用。

　　应当厚德重能。对人才的选用，是领导者思想方法的表现。首先，应**举其德**，德即是人的品质，反映为做人的道德和责任。其次，**要重其能**，能即是人的才干，表现为个人的智慧和能力。无德者，因有才而会乱政：无才者，虽有德但难从事。只有德才兼备者，方可培养为人才。

　　当然，选用人才也同领导者个人的品行、素养和好恶有极其密切的关系，但只要是热爱本企业、有责任心的领导，就会厚德且重能地选择人才。因为恰当使用了真正的人才，对领导者的自身成就是一定会有所帮助的。

　　所谓**不避亲疏**，是公平择优，唯贤是举的用人理念，同时也是作为领导者很难做到、也难做好的事情。亲疏有别，这是常情所致，领导者也是置身在企业、社会这个环境中，不可能脱俗，仍有一些关系情感或喜好因素，形成感观认识上的差别。

　　如果因亲而用，因疏而远，则对人才不公，会使平庸者受到重用，而真正的人才遭到排斥，更使企业或事业蒙受损失。这是为领导者对企业不负责任的行为特征，对企业是极为有害的。

　　如果因亲而避，因疏而弃，同样也是对人才不公。有的领导者为了避嫌，担心自己的名声或仕途受到影响，对同自己较为亲近的德才之士不予使用。名曰怕人误会，实则保护自己，这是一种自私利己的行为表现，同样也是不可取的。

　　人才是社会的财富，由人才的成就而建造了历史的辉煌。正确地培养和任用人才是社会赋予领导者的重要责任，也是领导者合理运用权力的社会要求。只有解决好这个问题，让有才者有所为，有所获，才能真正推动企业、推动社会稳定并持续地向前发展。

点睛：

无德者，因有才而会乱政；无才者，虽有德但难从事。只有德才兼备者，方可培养为人才。

因亲而用，因疏而远，会使平庸者受到重用，而真正的人才遭到排斥。

因亲而避，因疏而弃，是领导者为保护自身的一种自私利己的行为表现。

凡有企业责任心的领导，一定会厚德重能地去选择人才。

不避亲疏、厚德重能，是公平择优、唯贤是举的用人理念。

★ ★ ★ ★ ★ ★ ★ ★ ★ ★ ★

不避亲疏、厚德重能的选材观念正确吗？为什么？

你如果是领导，会怎样选用人才？

比对一下你所见到的用人现象，利弊如何？

十三、领导者选用人才的思想方法

成长的力量

十四、应当怎样去发现和培养人才

——查实绩 重其勤 用所长 任其能

导读：

玉，隐身于乱石；

材，生长于山林。

你只须执着于发现，

就会琢磨出美玉，

挺拔出栋梁。

任何人的才能都不会是与生俱来的，需要有人去发现，给予培养，并提供有利于其成长的条件，在实践中证明其成就，方可成为人才。由此可见，人才置身于大众，产生于平凡。如何去发现人才，又当怎样去培养为人才？我认为以下三点方法是很必要的。

一要**多听，多看，查实绩，重表现**。这一点对于发现人才是十分重要的。多听人们对其的反映，注意到群众的评议，切不可偏听。要多看其行为，了解他的才能和特征。要查证他的业绩是否真实，不能偏信，一定要关注他的能力表现。

为人之德，是内在的，而对人的认识往往都是从行为表象开始的。所以要从印象观察入手，有针对性地去找寻有可能的对象，以你深入了解的事实为依据，通过较全面、较客观的考察，才会发现人才。

特别要注重人才的产生，应来源于切合专业需要的基层队伍中，在初有成就的实践者中去寻找。只有这样的人，才符合实际工作的需要，也才易于培养和成长。

二要**以勤选材，以德育才**。我始终认为，谋事者，勤为第一。无论你学识多高、资历多长，或背景多厚，但如果不勤奋，则终不会有大的成就。有的人好逸恶劳，投机取巧，一点小聪明或可得到一时的成功，但必不可长久有成。我们在选用人才时，首先应考察其是否勤劳，是否能吃苦，既不怕困难，又能努力去克服困难。有的人常表示自己很能干，但不愿意努力去做事，那怎么能体现出你的能力呢？光说不练，说也无用。所以，勤而能为者，理应受到重视。

对人才的培养重在德行。要从道德观念上帮助他，注重其品行修养和职业操守，培养他对企业的忠诚、对社会的责任。尤其要关注其守孝道、重友情的行为表现，凡不为父母尽责，不珍惜朋友、同事间友谊或亲情者，怎么会安于奉献，忠于企业呢？

别相信阿谀奉承者，此等人善于钻营取巧，没有做人的道德原则。别倚重推卸责任者，这种人总是投机牟利，缺少敬业的忠诚意识。

对自己着意于培养的人才，一定要交任务，教方法，让他在具体实

十四、应当怎样去发现和培养人才

践中，特别是在困难的环境中去经历曲折，去磨练意志。要帮助他总结经验，吸取教训，提高实际工作能力。大凡有成就者，都会坦言经历，回顾自已曾经吃过多少苦，犯过多少错。可见劫难出真才的重要性。

三要**正确认识，保持耐心**。任何人才都必然有其不足，大凡成材也都有一个较长的过程。这对领导者培养人才也是一种心理考验。

要观主流，看大节。人无完人，谁免其过？凡于社会无害或与本企业无关的个人病垢，不须过多计较，我们看重的是其对本企业或单位服务的能力和贡献的成果，个人的一些习惯或缺陷，只要不构成企业的负担，就不应成为考量人才的标准。

要用其长，任其能。人才只有在适应自身的环境和条件下，才会使能力得到最有效的发挥，切不要以为只要是人才就什么都能，这种偏见是甚为有害的。任何人才都是有一定局限性的，大都有着明显的专业倾向，不可能事事都行。重要的问题是领导者必须把握好人才的专业特性，使其最具优势的能力应用在最适合自身条件的职业或岗位上。也只有如此，方更利于其才能的充分发挥。

影响企业成败兴衰的关键是发展方向和使用人才，尤其应该把培养和使用人才作为管理的核心内容。当你成为领导者的时候，一定要记住是因为有更多的领导者对你的发现、培养和任用，是企业为你提供了能成为领导者的机会和环境。在你现在要做的万千事务中，切勿忘记你也必须承担选拔和培养人才的责任。而人才的成就，更能标示你的成功。

掌握住这种思想方法吧，不避亲疏，重在实绩，任其所能，勿求全才，则有利于企业，有益于自身。

点睛：

培养和使用人才，是企业发展的根本问题。有无人才且人才能否发挥作用，从始至终都是影响事业成败的关键所在。

🌸 德即是人的品质，反映为做人的道德和责任。能即是人的才干，表现于个人的智慧和能力。

🌸 从印象观察入手，以深入了解的事实为依据，通过较全面、较客观的考察，才会发现人才。来源于切合专业需要的基层队伍中，在初有成就的实践者中去寻找，才符合实际工作的需要，也才易于培养和成长。

🌸 欲谋成就，当勤为第一；勤而能为者，理应受到重视。

🌸 注重其品行修养和职业操守，培养人才对企业的忠诚，对社会的责任。

🌸 观主流，看大节。个人的一些习惯或缺陷，只要不构成企业的负担，就不应成为考量人才的标准。

🌸 必须把握好人才的专业特性，使其最具优势的能力应用在最适合他自身条件的职业或岗位上。

★ ★ ★ ★ ★ ★ ★ ★ ★ ★ ★

本文所述的选人、用人方法，是否适用于各不相同的企业环境？
如果你在管理岗位，会如何去选择人才或使用人才？

愿意回顾你的成材经历吗？

十四、应当怎样去发现和培养人才

十五、当你的副职在工作中出现过失时，该如何处理

——主动帮助　协助纠正

导读：

领导者的艺术始终不是自己有多强大，

而在于能凝聚多少强大的力量。

培养你身边的力量，

你会因强大的簇拥而更为强大。

在日常工作中，要注重对副职所管工作的关心，掌握好对进展状况的反馈，一旦发现其工作中出现了问题，应主动给予帮助，及时采取纠正措施，以减少工作失误。切不可任其偏差延续，须知一切不利的后果，都是要由主要领导承担的。因此，帮助了副手也是帮助了自己。

如果你的副职在工作中出现了失误，应当怎样帮助和纠正呢？首先是思想方法必须正确，帮助副职是自己应尽的责任。其次是工作方法应该适当，既能挽回影响，又能保护对其的信任。

一是要分析事态，理顺问题，找准造成过失的症结，主动地同责任副职商议并提出解决办法。积极做好关系协调，降低受影响的不利程度。

二是主要领导应当主动地承担责任，减小副职的心理负担。如非特别重大的过失，不宜对责任副职进行当众批评，但要引导其从失误中吸取教训。

三是对问题的纠正应当由责任副职组织实施，而不是由主要领导去完成，以利于副职重树信心。这一点十分重要，关系到副职的威望和能力。

有的主要领导者对副职工作事前不做关心，而习惯于事后指责；不是协助谋划，而是亲自纠正。这种结果必然会削弱副职在管理队伍中的威信，并挫伤副职的自尊心和工作积极性。

人非圣贤，孰能无过？在危难时刻，你主动地帮助了他，向他提供了经验智慧和道德榜样，并指导他以自己的行为方法去纠正了偏差，挽回了不良影响，他必然会由衷地信任你、尊重你、服从你，定会在你的领导下放心大胆地努力工作。因为你已经用自己的人格魅力和实际行为，给他提供了可以信赖的信心支持和责任保障。

点睛：

要有正确的思想方法，帮助副职是自己应尽的责任。帮助了副手也是帮助了自己。

适当的工作方法，既能挽回影响又能保护对其的信任。

（成长的）力量

人非圣贤，孰能无过？你主动帮助了他，并指导他用自己的行为方法去纠正了偏差，挽回了不良影响，他就会由衷地信任你、服从你。

要分析事态，理顺问题，找准造成过失的症结，主动地同责任副职商议并提出解决办法。

主要领导应主动承担责任，以减轻副职的心理压力，非特别过失，不宜对责任副职进行当众批评。

对问题的纠正应当由责任副职组织实施，而不是由主要领导去进行。

★ ★ ★ ★ ★ ★ ★ ★ ★ ★

当你工作出现失误时，你的领导帮助你纠正错误吗？方法得当吗？如果你的副职产生失误，你会怎样处理？

124

十六、当领导对你工作的安排或批评不恰当时，应怎样面对

——主动自省　换位思考

导读：

人生重在过程，

错误需要承受。

调理心情、选择方法。

在批评声中，

让思想成熟，让过程丰富。

勇于接受批评是承受鞭策，当益于进步。而能够接受不正确的批评，则是考验意志，有助于成熟。

当你对领导给你的工作安排或者批评有不同意见时，态度表现上不要急于反应，更不可盲目地去质疑领导的动机，而应当首先从自身角度去寻找原因。是否对领导的安排意图理解不当？是否工作措施确有失误？自省思考忌带主观性，任何先入为主的思维都不利于找准问题的症结。

如果问题确实不在自身，则要考虑领导方的用意和目的，是善意帮助？或是有意刁难？或是产生误会？要在找出原因后，采取积极措施，主动化解矛盾，只有思路正确，才会找出妥善的处理方法。

在你认真自省后，确认是领导提出的批评不当或在工作安排上有误，则仍然要保持态度冷静，切不可在当场提出反对意见，更不要以激烈的言词同领导发生争执。如果领导的态度表现坚决，你最合适的选择应当是忍耐并沉默。当然你也可以委婉地表明自己的意见，但在这种公众场合，任何方式的争辩都很难产生积极的效果。

不要试图同领导斗气较劲，意气用事只会使情势对自己愈加被动。如果领导对你的明显误会或公开斥责你都能忍耐，则体现了你的素质修养和处事能力有了新的进步。因为公开的反驳，会影响到领导的威信，而领导者大多会在公开场合上固执己见。如一旦陷入僵局，则于己于他都多为不利。

忍让或忍耐并非表示怯弱。这不仅是对领导权威的尊重，也是一种行为策略。凡非己之过，就不应当无端受责，更不应当让误会延续。如果领导总不明白是非，自己心里也会常怀不安。因此，在受到不正确的批评或处理后，一定要尽快主动地同当事领导交换意见，讲明情况，消除误会。经过当面地坦诚沟通，领导或许会做出适度纠正。在了解领导的意图后，有利于修正自己的思路或行为。

只有同领导认真交流沟通，才是挽回不利局面的有效办法。在此过程中，切不可在会议上、在同事间进行讨论或者抱怨，不要试图通过个人的消极的影响能力去纠正领导的决定。只有当你在主观上体现出对领导的敬重和服从，客观上又为消除不利影响而主动同领导沟通时，才会得到领导的理解，你才有可能转换被动局面。

若你通过一定的努力，领导仍然不予理解，或没有给你解释的机会，那你就不必急于去作疏通了，因急而会生厌，将适得其反。你应该主动调整自己的心态，自觉地去淡化这次误会在心理上产生的压力。重要的问题是，切不可在公开场合抱怨对当事领导的不满情绪，以避免扩大分歧。面对挫折，你应当选择坚定和自信，努力工作，这是能证明自己的最为有效的方法。

如果领导的意见同自己并无原则性分歧，也不会严重伤及自己的利益或进步，一般就不要争论，应积极执行或改正不足。领导者对问题、对人、对事的认识，直接受其个人的思想素质、管理压力以及工作能力的影响。上下级之间对同一问题的认识和视点尺度，总有一些差异。要学会换位思考，设想自己如果在领导的角度，也在承担着对方的压力和责任，那我对此问题会怎么认识和处理。也会有误会吗？能做出纠正吗？会产生什么影响？若能如此思考，结果多有不同，你或许能多一些理解和宽容，也会多一些释然和平静。

领导终归也是平常人，也难免失误。如果你能尽量尊重和服从领导，并策略有度地处理好同领导之间的关系，你就会少些烦恼，多点轻松。当然，你也应当从中吸取教益，以避免在你担任领导后再发生同样的过错。

十六、当领导对你工作的安排或批评不恰当时，应怎样面对

点睛：

当你对领导给你的工作安排或者批评有不同意见时，态度上不要急于反应，应当首先从自身角度去寻找原因。

确认是领导提出的批评不当或在工作安排上有误，也仍然要保持态度冷静，切不可在当场提出反对意见，更不要以激烈的言词

同领导发生争执。

只有同领导认真交流沟通，才是挽回不利局面的有效办法。切不可在会议上、在同事间进行讨论或者抱怨，不要试图通过个人消极的影响能力去纠正领导的决定。

意气用事只会使情势对自己愈加被动。如果领导对你的明显误会或公开斥责你都能忍耐，则体现了你的素质修养和处事能力有了新的进步。

忍让或忍耐并非表示怯弱，这不仅是对领导权威的尊重，也是一种行为策略。

如果领导的意见同自己并无原则性分歧，也不会严重伤及自己的利益或进步，一般就不要争论，应积极执行或改正不足。上下级之间对同一问题的认识和视点角度，总有一些差异。

学会换位思考，你或许能多一些理解和宽容，也会多一些释然和平静。

★ ★ ★ ★ ★ ★ ★ ★ ★ ★ ★

你曾经遇到过类似问题吗？是怎么处理的？效果如何？
你学会了忍耐吗？是否理解了忍耐的意义？

十七、怎样才是正确执行上级的指示

——积极响应　协调推行

导读：

将工作当为天职，

积极响应，努力不止。

在执行上级的指示中，

你，已经做了许多许多，

但是，

不知是否恰到好处。

对于上级的指示，执行态度首先必须是积极并坚决的。这不单纯是组织原则的体现，更重要的是对本单位、对本企业的责任需要，是保障企业规范性发展的纪律要求。

但就客观而言，有的时候上级的指示也并非完全正确，也会出现同本单位的实际情况存在差异，在实际执行中可能会产生困难的新问题。这就需要我们做出比较策略的协调，使之既不削弱上级的权威，又不影响本单位的工作进程。应当如何办理？我认为可从下述方法中找到答案。

积极响应。首先，要具备执行上级指示的组织基础。当指示内容到达后，管理团队内要相互沟通，研究执行办法；特别是执行指示内容的受理责任人，要提出具体的实施意见，做出计划安排，确定执行责权，研究检查措施。

对执行层进行部署时，一定要结合本单位或部门的具体情况，有针对性地下达可操作指令，不要简单地照搬或转发文件。因为上级的任何指示，其精神内容都只有在同本单位的实际情况相结合时，才能产生积极的指导作用。

主动协调。当落实上级指示与本单位实际情况不相适应、产生执行矛盾时，一定要冷静分析，认清利弊。对有分歧的问题，执行者不能回避，更不要消极地去作形式上的表面接受，实则心存抵触。可取的方法是应及时地向下达指示的责任部门提出报告，对重大问题应向上级主管领导反映，以利于上级对此做出合理的解释或调节。如没有结果，而又认为是事关重大、必须纠正的问题，这时执行单位则可直接向上级的主要领导报告，以期引起重视，并得到正确解决。

设置预案。经过以上层次工作的努力，如果仍然没有新的指示，则对原下达指示必须坚决地贯彻执行。执行者如预见到推行指示对本单位的特殊环境会造成不利影响，就必须做好应急、应变的准备预案，设定补救措施。在保证执行的条件下，如一旦出现意料中的困难，则可以施行自救，能最大限度地减小不利影响或不当损失。

对上级正确的指示，必须坚决服从，而且执行的态度应当是严肃和积极的。但对不恰当的指示也不可以盲目照办，要对因执行而可能会产生的不利后果，主动及时地向上级反映，以求能取得更合理、更实际的执行效果，这是管理者对单位或企业敢于负责并勇于尽责的体现；同时，也帮助了上级机关或领导，使之能更深入地了解下级企业的全面情况，有益于减少失误，提高管理威信。

对于上级指示，执行者不能无故而各行其是，我行我素；更不能因故而知情不告，阳奉阴违。这两种态度均为执行管理中之行为大恶，凡从事管理者都应力戒之。

点睛：

🔹 对于上级的正确指示，执行态度首先必须是积极并坚决的。这是保障企业规范性发展的纪律要求。

🔹 有时候上级的指示也并非完全正确，也会出现同本单位的实际情况存在差异，在实际执行中可能会产生困难的新问题。这就需要我们做出比较策略的协调，使之既不削弱上级的权威，又不影响本单位的工作进程。

🔹 执行者如预见到推行指示对本单位的特殊环境会造成不利影响，则须做好应急、应变的准备预案，设定自救措施，在保证执行的条件下，最大限度地减小消极影响或不当损失。

🔹 执行者不能无故而各行其是，我行我素；更不能因故而知情不告，阳奉阴违。

★ ★ ★ ★ ★ ★ ★ ★ ★ ★

如上级指示不当，你会如何处理？

怎样才是执行上级指示的正确方法？你认为此方法可行吗？

第三篇

治理篇

第三章

合集篇

有度为治　有序为理

企业是一个经济实体，在这个实体中，人和物通过一定的经济关系和责任机制联系在一起。不同的企业虽然其规模或体制差异甚大，但都必须进行整治和管理，这是关乎企业生存和发展的必然的社会行为。

什么是治理？简言之，有度则为治，有序即为理。

所谓有度，是指企业必须明白自身的发展方向，有明确的业务定位，尤其要深知本企业不能做什么，而集中精力去从事合于法规、利于发展的经营。知道该做什么，并知道该怎么去做，这就是度。掌握好这个度，企业就能适时进退，不会盲目。

所谓有序，是指有条理，有节奏，守纪律，重章程。企业中一切人和物的所有行为，都按一定的规范和程序进行，凡事有责，处事有制，这就是序。企业有序，则循序而治，调度井然。

治理是推动成长的智慧力量，是领导者思想艺术和行为智慧的集中体现。应该如何治理企业，从来就没有什么特定的模式和方法，也不必去照搬成功经验。企业只能依据当时的政策、规约和行业特性，取决于管理者、特别是主要决策者的思维导向和行为能力。不要在乎企业的规模大小或体制公私，重要的是办出特色并创造效益。只要是适合于本企业的特点和需要，并能有效地推动企业进步和发展的管理方法，就应该是正确的。

本篇汇集了我数十年间对企业管理的感悟，着意于阐述对治理企业中一些可供实际应用的发展理念，提示一些引导管理行为的思想方法。这对于已经是管理者或正在努力准备成为管理者的人们，或许有益于启迪管理思维，提高分析和处理问题的能力，期望能有助于你对企业的科学治理。

一、优秀管理者的必备素质

——重规范 善协调 常学习 会专业 勤于事 守原则

导读：

人的生活方式有两种。

一种方式是像草一样活着，

每年都在长，却不被看到。

另一种方式是像树一样成长，

遥远的地方，人们就能看见你，

活着是美丽的风景。

而你，

是否在准备着长成参天大树？

能够成长为企业或单位的管理者，这是许多人期望成材的奋斗目标。绝大部分企业家、专家、学者、领导者都经历过从初级管理人员而逐步成长的重要过程。这不仅是必要的历练，更是成功素质的累积。

在社会发展的各个历史时期，对管理者都有不同的认知和要求。因此，对优秀管理者的定义应当是：能符合当前社会或企业的发展需要，其职业道德和行为能力已达到公认的管理水平。如果我们不涉及特定管理岗位的一些特别规定，我认为以下要求可以作为优秀管理者的素质标准。

重规范——管理者首先必须要理解并尊重企业、单位的规程规章，服从和遵守相关的制度纪律。遵从于一定的规约，既可以约束自己的行为，保护自身的权益，又可以依循规制对他人实行管理。运用相应的规范，作为你实施管理行为的理论工具，能有效地减少因人施治的矛盾。凡不守规范者，必定会与企业的管理产生冲突，而不能融入管理，也就缺少对他人实行管理的权力。因此，重规范应当作为管理者必备的条件。

善协调——在实际工作中，人和人、事与事之间的关系都有不同程度的复杂性，关乎到政策、法规、权力、利益、社会、文化等各种表现形式的矛盾。甚至在本单位、本部门内，也随时都会产生一些不融洽的状态，影响到工作的正常推进。而关联方都有各自引为依据的规定、制度，而使相互的关系很难协同。管理者面对这类问题别无选择，只能积极地协商和调节。

协调关系的目的，是尽可能地把复杂的问题简单化，使大事化小，消除不利因素。协调关系的方法，一是坚守原则，使企业（单位）自身利益不受损害。二是学会宽容，在必要时能适度让步，这或许是在关系调节中最为有效的手段。

在协调工作中最为重要的方法是找准关系。当矛盾出现后，首先得分析导致矛盾的主要关系是什么，从主要关系入手，并积极调动其他关系去影响主要关系。这个过程就是协调，即通过协商、协作的方式，去调节、化解矛盾。努力去经历这个过程，是管理者的职责，更是管理者处事能力的直接体现，这已成为当代对管理人员进行能力考

一、优秀管理者的必备素质

察的重要内容。

常学习——人的知识能力总是有限的，而你接触的社会和事物对你的知识需求却是无限的。这就需要我们不断地学习，海纳百川，博采众长。从业岗位的业务知识首先必须得到巩固，其他业务知识也应该补充，用新颖、广泛的知识去丰富自己，提高自己的思维能力，去开拓从事专业工作的创新思路。

爱好学习的人，就会保持持久的进步热情。同时，坚持学习还有一大好处，你在经常学习和积累知识的过程中，不仅能提高自身的能力素质，还极有可能重新确定发展方向，找到更适合自己的事业。

懂专业——学有所长，业有专工。每个人都应该寻找可以发挥自己专业才能的机会。无论你从事何种工作，都应该充分尊重你的职业，积极地施展自己的能力。如果你已经被动地接受了并非所学或所好专业的工作岗位，而又无法改变这种状况，这固然不利，但你可以调整自己去适应现实，能做的选择就是努力学习。

一定要保持充分的自信，认真、虚心地学习本岗位的专业知识。你不一定很精通，但你一定要懂专业，拥有一业之长胜于百事皆通。只有熟悉专业，才能把握管理的主动，才能有效地运用专业关系。也只有熟悉专业，才能巩固你当前的管理地位，并有可能实现新的进步。

有的人常宽慰自己，不懂专业不要紧，只要我会使用专家就行。这种观点或者适用于高级别的主要领导者，因为高层管理在于战略性组织和控制。但普通管理者需要表现的是直接的专业能力，必须自己身体力行，何来专家帮助？不懂专业而去管专业，则是以己昏昏，使人昭昭，怎么能有作为去建树成就呢？除了认真学习和学会，别无他途。

勤于事——这是作为管理人员最重要的行为素质。勤奋不是简单地表现为手勤腿快。勤在于心，要从思想上解决尊重职业、热爱工作的问题。努力工作，任劳任怨，你才可以获得更多的精神和物质的回报，也才可以得到更多的成就和肯定。

在吃苦耐劳中磨砺，可以使意志更坚强；在勤奋工作中学习，可以使能力更提高。须知任何负责任的领导，在对员工的考察中，都是会首先注重能力的，而能力只会在勤于事务中显现。有的人自认为有千般能耐，但就是不做事，那你的能耐有何用处呢？

看看我们身边的领导，那些受人尊敬的优秀管理者们，有哪一位不是通过勤奋工作、逐步锻炼才得以进步的呢。机遇重勤，天道酬勤，成功没有任何捷径，勤奋是奠定成功的重要基石。

守原则——这是管理人员最基本的职业道德。在从事管理工作的过程中，会面临许多错综复杂的关系，也会有许多攸关利益的诱惑。企业赋予了你管理职责，你必须维护企业的正当利益。坚守原则，就是要尽力保障企业的正当权益在你的管理职责内不能受到损害。同时，坚守了原则，就是坚持了正义，你会安于清贫，不试图谋取私利。虽少了许多个人的欲望，但你一定会行事坦然，生活安心，其实质是保护了自己的人生价值。

当然，坚守原则有时也是很严峻的，或许会影响到朋友之间的感情。我认为，在坚持原则的前提下，尽可能地对朋友提供力所能及的帮助，这应当是无可厚非的，毕竟对朋友的义务也是符合做人的道德规范的，但一定要以不伤害企业或公众的利益为前提。如果朋友对你的要求已经损害了你应该维护的原则，那他就不是你真正的朋友，对其帮助，不仅伤及企业，更会伤及自身。这方面的教训太多了，为管理者要引以为戒，时时警醒。

努力吧，一切有志于成为管理者的人们，只要你真正领悟了本文的含义，注重规范，善于协调，坚持学习，精于专业，勤奋工作，信守原则，无论从业于何种岗位，你都有可能成长为优秀的管理者。

一、优秀管理者的必备素质

点睛：

理解并尊重企业、单位的规程规章，服从和遵守相关的制度纪律。运用相应的规范，作为你实施管理行为的理论工具，就能有效地减少因人施治的矛盾。

把复杂的问题简单化，使大事化小，消除不利因素。协调关系的方法，一是坚守原则，使企业（单位）自身利益不受损害。二是学会宽容，适度让步，这或许是在关系调节中最为有效的手段。在协调工作中最为重要的方法是找准关系。

海纳百川，博采众长，用新颖、广泛的知识去丰富自己，提高自己的思维能力，去开拓从事专业工作的创新思路。爱好学习的人，就会保持持久的进步热情。这不仅能提高自身的能力素质，还极有可能重新确定发展方向，找到更适合自己的事业。

只有熟悉专业，才能把握管理的主动，才能有效地运用专业关系，也才能巩固你当前的管理地位，并有可能实现新的进步。

勤在于心，要从思想上解决尊重职业、热爱工作的问题。成功没有任何捷径，勤奋是奠定成功的重要基石。

坚守原则，就是要尽力保障企业的正当权益在你的管理职责内不能受到损害。同时，坚守了原则，就不会谋取私利，其实质是保护了自己的人生价值。

＊ ＊ ＊ ＊ ＊ ＊ ＊ ＊ ＊ ＊

你已经是优秀的管理者了吗？

对照必备素质，你还需要做出哪些努力？

二、成功管理者的行为指南

——审时度势　循势利导

> **导读：**
> 成功的企业家需要有三种感官。
> 洞察宏观发展，
> 感知社会市场，
> 凝聚内部能量。
> 用敏锐的智慧和过人的胆略，
> 去引导企业的航船。

世间万物，都会依循一定的规律和势态，渐行渐近，逐步发展。企业的管理过程复杂多变，总与我们具有的感知能力和行为方法直接相关。

大道无为，是指事物发展的自然规律是我们无法也无能去改变的。而我们能做的事，就是了解情势，依势而动，切不可逆势而为。但我们有能力改变策略，调整方法，努力去优化对企业的管理行为。

我把"审时度势、循势利导"作为数十年来从事企业管理工作的行为指南，颇多体会，受益甚佳，今同大家分享。

审时——对本企业的当前运行状态，做出符合客观实际的分析，明了企业所处的社会时态，认清市场的选择动向。了解自身所处行业或产业的现时适用规则，并适度预测行业经济的发展趋势。审时，解决的是大局思维问题，确知社会需求什么。

度势——清楚本企业在目前经济环境中的社会作用以及发展地位，客观地权衡自身的产业实力或经营能力，抉择利弊，度量得失，以利于调整发展方向。度势，解决的是行事策略问题，确知自己该做什么。

循势——把握行业经济的运行规律，依循其发展的可见趋势，服从于社会或业界的行为规约，运用适合市场需求的方式或秩序。事物的发展态势是经常变化的，管理者必须及时调整企业目标，顺大势而方可作为。循势，解决的是发展方向问题，确知自己能做什么。

利导——在顺势而为中，始终坚持调整既定的目标，尽可能把势态向有利于本企业或自身目标的方面去疏通和引导，促进矛盾得以转化，使障碍逐渐消除。利导的结果是更能接近并最终实现正确的发展目标。利导，解决的是工作方法问题，确知自己该怎么做。

会审时，则识大局，当不致盲目。

善度势，则会权变，可量力而行。

能循势，则利其为，会行无大碍。

常利导，则益其果，能终获成就。

从审时进而利导的行为结果，体现了掌握宏观、顺应大势、为我所用、利我发展的一种指导思想。欲度势，应先能审时；促利导，要先会循势。我们不须去深析其逻辑和哲理，只应领会这是十分重要的思维方法。运用这个思维，能融入我们自然社会的一切领域，会指导我们生活成长的各个环节，必要而且实用。

请记住**"审时度势、循势利导"**这八字指南，它会让我们受用一生。管理者，尤其是主要领导者，请接受并领悟这个指南。体验了这个指南，你会行为主动；掌握了这种方法，你能进退适时。只要你善于控制大局，把握主动，运筹策略，积极引导，就会成为一名成功的管理者，就能带领企业去努力地实现规划目标。

点睛：

大道无为，是指事物发展的自然规律是我们无法也无能去改变的。而我们能做的事，就是了解情势，依势而动，切不可逆势而为。

会审时，则识大局，确知社会需求什么，当不致盲目。

善度势，则会权变，确知自己该做什么，可量力而行。

能循势，则利其为，确知自己能做什么，会行无大碍。

常利导，则益其果，确知自己该怎么做，能终获成就。

从审时进而利导的行为结果，体现了掌握宏观、顺应大势、为我所用、利我发展的一种指导思想。

体验了这个指南，你会行为主动；掌握了这种方法，你能进退适时。

欲度势，应先能审时；促利导，要先会循势。运用这个思维，能融入我们自然社会的一切领域，会指导我们生活成长的各个环节，必要而且实用。

二、成功管理者的行为指南

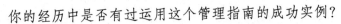

你是如何领会"审时度势、循势利导"这八字指南的？你认为实用吗？

你的经历中是否有过运用这个管理指南的成功实例？

三、探讨企业的发展理论

——战略决定成败　作用决定地位
需要决定价值　客户决定市场

导读：

世间一切本物，

总受它物牵绊。

确定因果，

找准关联。

你是否发现：

企业的一切发展，

都会归于大道，循于自然？

如果我们提及什么因素会制约企业的发展，人们都会罗列出诸多答案，特别是企业体制、经营机制这两项或许会成为问题之首。但我认为，切不要用体制或机制的差异去掩盖过失。纵观当今的成功企业，国有或民营，都创造出了许多不朽的经验和辉煌的业绩。这足以说明，无论什么样的体制、机制，都不是影响企业成败的关键。

真正能影响企业发展的因素，应当集中在四个问题上：一是方向，二是地位，三是价值，四是利润。把握好这四个环节，企业就能健康有序地发展。我把这四个环节按战略、作用、需要和市场逐项表述，同大家共同探讨这个一直在影响着企业发展的主要观念。

战略决定成败。所谓战略，是指企业的发展方向和指导企业发展推进的计划与策略，它具有前瞻性和风险预警特征。

无论兴办何种企业，都得首先弄明白想干什么，能干什么，该怎么去干。这就是最基本的战略思考。如果既无方向目标，又无计划策略，贸然从事，必定会因方向混乱而举棋不定，或因缺少计划而临危无措，以致一事无成。

什么是决定企业成败的关键？社会学中，就此争议颇多，但我始终认为，是战略决定了成败。战略事关大局，战略错误，则方向偏离，终无成果。什么状况显现为战略错误呢？不顾客观条件或社会环境的制约，盲目地去进行完全没有实现可能的目标或任务，而且缺乏能够及时纠正目标的应变策略，这就是战略性错误。企业方向不对，当然不可能引导其正确发展。

那为什么会犯战略错误呢？一是不辨大势，对行业的趋势没有认真分析，不清楚在当前势态下能够做什么，或应当做什么，导致发展方向不正确。二是不善量力，也就是对自身的能力，包括人力、财力、经验、专业等综合能力没有正确的估计，也就不明白有没有能力去做，导致了计划目标不明确。有此一二，当然会产生战略失误。

那是否因战略问题就会影响到企业成败呢？我的回答是肯定的。战略错则方向错，而方向错就必不能实现预定的目标，则企业必败。

有人说过"细节决定成败"，有的企业也引此论为经典，我认为这个观点有失偏颇。要重视过程运作中的细节管理，这无疑是正确的，往往因为细节问题处置不当而使某项工作或阶段性的发展功亏一篑，这样的案例甚多，深刻地表明了细节问题会对企业的成败产生直接的、甚至是极为严重的影响。但细节的作用范围和能量都是有局限性的，它可以干预过程，但不能主导过程。

如果企业制定的发展战略是正确的，过程中的一切细节问题考虑得规范严谨，则对推动战略进程就更科学、更有利。在此趋势下，如果细节内容出现了偏差，虽然会对发展过程有一定的影响，或者会增大成本，或者会延缓进程，但运行中的战略计划会通过预警措施，对细节的不足做出有效的修正。细节错误的发生不会改变企业的发展方向。

反之，如果企业制定的发展战略是错误的，则运作中的细节管理越规范、越严谨，就越会加深企业运行中的错误程度，背离正确的发展目标越走越远，最终使错误的后果加速并扩大。

由此可见，决定企业成败的关键是战略决策。而正确的战略决策，必须源于你能审时度势，并循势利导，科学地把握了发展过程的主动。这种关联关系应当是承担企业发展责任者的必然思考。

作用决定地位。企业的地位，必须体现为在社会生产结构和流通关系中的作用。企业发挥的作用越大，在行业内的地位也就越高。关于这个认识，长期以来都存在误区，人们习惯于用传统的认知观念去审视并确定一个企业的社会地位，重视一些例如国营的、规模大、产值高、人员多的经济实体，而往往忽视了这个企业的生产成果在对国家、对社会的需求中，能否发挥或已经发挥的直接作用。

地位是反映社会对企业的接纳程度，越受重视的企业，其社会地位当然也就越高，但这不是能用企业规模大小或人员多少来界定的。如果企业提供的产品不符合社会需要，推行的服务不为大众认同，则表明它已经失去了本应发挥的作用，自然会逐渐被社会遗忘以至于被抛弃，那这个企业怎么还会有地位呢？

三、探讨企业的发展理论

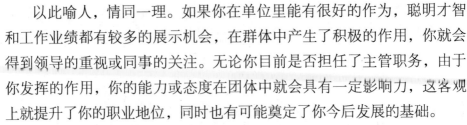

以此喻人，情同一理。如果你在单位里能有很好的作为，聪明才智和工作业绩都有较多的展示机会，在群体中产生了积极的作用，你就会得到领导的重视或同事的关注。无论你目前是否担任了主管职务，由于你发挥的作用，你的能力或态度在团体中就会具有一定影响力，这客观上就提升了你的职业地位，同时也有可能奠定了你今后发展的基础。

因此，一个企业要想确立其在行业中的地位，就必须持续地在社会、科学、文化或经济活动中，积极并有效地发挥作用，因作用而伴生地位，由地位而推动作用的长久发挥。有的企业热衷于形象作用，以不切实际的虚假宣传去扩大影响，以求得到社会的重视和支持，这种行为极其不妥。须知地位是不能依仗于巧取豪夺，更不是可以胡编乱造的。要实现社会认同的结果，只有通过脚踏实地地去体现自身的作用能力，才能使企业的地位得到确立和巩固。

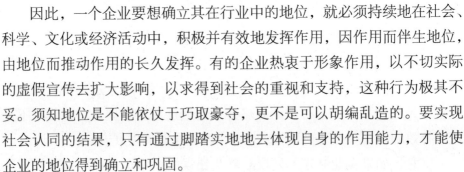

需要决定价值。企业管理者们常常在思考，我这个产品究竟有没有价值？我这个企业应该怎样体现其价值？我认为，所有的思考都只应集中在一个问题上：市场是否需要？只要是市场信任并需要的企业或产品，就一定具有社会价值。

价值同需要是并存的。首先是有需要，才会体现出价值的存在。如同工具一般，当其闲置时，形同废物，一旦需要使用时，非它不能，其价值也就突显了。荒漠中的一捧浊水，寒冷时的一件破衣，都是由于当时生存的需要而价值倍增。任何需要都会受到时机或范围的限制，价值也受此影响，只能在需要的时机或范围内体现，一切不被需要的精神或物质都是没有应用价值的。同时，世间任何物品的价值也都缺少广泛性和永久性，只能在需要时才会产生价值。

企业应该如何实现价值？结论当然是很明确的，那就是直接生产或协助生产出社会需要的产品，在向社会提供且符合社会需要的同时，也实现了企业自身的价值。还有一点是十分重要的，企业首先要获取经济价值，有了经济价值才会满足生存价值，在充分实现了经济和生存的价值后，才有可能构成社会价值。这个观点或有争议，但我坚持认为，一个没有经济价值的企业是不应当存在的，因为它给社会提供的只能是教训和负担。

不断地研究市场，不断地适应市场的需要，你的或你所在的企业就会不断地实现其经济价值和社会价值。这就是企业价值观的表现特征。

客户决定市场。一个市场的形成，不应当是行政的划定或历史的沿革。形成市场的唯一原因是需要，而确定需要的主导力量是客户。只有当客户表现出了需要，而你的产品又能适应或满足这种需要时，才会构成交易，又由个体交易的扩展而构成了市场，由稳定的市场而产生企业的利润。这其实是一个十分简单而又原始的道理。

你有很不错的产品，但没有人购买，就无法投入市场。你看好了一个应用领域或一个消费群体，但你的产品没有人需要，也就是没有客户，则仍然不能构成你的产品市场。由此可见，需求是市场的导向，而客户则决定了市场的存亡。

企业管理者的责任是要深入地了解社会需求，不断地生产并配置社会需要的产品。这里有两种思维可供借鉴。一是主动适应，即对于已经形成了的消费市场，企业只需提供更多、更新的商品，去满足消费增长的需求，扩大实用群体，以巩固原有市场。二是创造市场，即寻找并开发尚未确定的领域，主动宣传产品，积极引导消费，使客户从认知到接受产品，并逐渐形成新的客户市场。

运作市场的方法很多，要因时因地而宜。但指导观念只有一个，那就是必须明确客户的重要性。市场是由客户决定的，没有客户的产品就一定没有市场。你的企业可以规模庞大，你的产品可以堆积如山，但如果没有客户的消费需要，则再多产品也是废物，再大的企业也难以生存。

因此，治理企业者一定要适应市场，尊重客户，少喊些"客户就是上帝"的不实口号，而用心去脚踏实地地服务于市场，力所能及地提供客户需要的产品和服务，赋诚信于客户，用客户去奠定市场。因客户的消费而发展了企业，持续增长了企业的利润。在这条"由产品而客户到市场再企业"的生态链路中，客户居于中心的环节。缺乏客户，则链路中止，企业何以生存？因此，客户决定市场，这也应当是企业管理者们应当高度重视的一种生态法则。

一个企业在成长过程中，影响其进步的主、客观因素很多，关键仍然在于发展思路上。战略正确，则企业成功。作用显要，则地位巩固。需求扩展，则价值突出。客户信任，则市场稳定。我们立意鲜明地提出：战略决定成败，作用决定地位，需要决定价值，客户决定市场，就是由此思路而形成的理论总结。这个理论直接体现为企业应当把握的发展要素，并揭示了在当代企业中应普遍遵循的运行规律。

不同的企业，成功的轨迹差异甚大，但其发展规律却大多相近。如何认准方向和创建市场，始终是至关企业生命的重大课题，企业管理者应深谋远虑，妥善运筹。

点睛：

🌿 不要用体制去掩盖过失，真正能影响企业发展的因素，应当集中在方向、地位、价值、利润这四个问题上。

🌿 战略决定成败。

🌿 不顾客观条件或社会环境的制约，盲目地去进行完全没有实现可能的目标或任务，而且缺乏能够及时纠正错误目标的应变策略，这就是战略性错误。

🌿 不辨大势、不善量力，是产生战略错误的主要原因。

🌿 细节的作用范围和能量都是有局限性的，它可以干预过程，但不能主导过程。决定企业成败的关键是战略决策，而正确的战略源于你能审时度势，并循势利导。

🌿 作用决定地位。

🌿 企业发挥的作用越大，在行业内的地位也就越高。

🌿 只有通过脚踏实地地去体现自身的作用能力，才能使企业的地位得到确立和巩固。

　　 一个企业要想确立其在行业中的地位，就必须持续地在社会、科学、文化或经济活动中，积极并有效地发挥作用，因作用而伴生地位，由地位而推动作用的长久发挥。

　　 需要决定价值。

　　 价值同需要是并存的。企业通过直接生产或协助生产出社会需要的产品，向社会提供且符合社会需要的同时，实现了企业自身的价值。

　　 一个没有经济价值的企业是不应当存在的，因为它给社会提供的只能是教训和负担。

　　 客户决定市场。

　　 形成市场的唯一原因是需要，而确定需要的主导力量是客户。只有当客户表现出了需要，而你的产品又能适应或满足这种需要时，才会构成交易，又由个体交易的扩展而构成了市场。

　　 企业管理者的责任是要深入地了解社会需求，不断地生产并配置社会需要的产品。这里有两种思维可供借鉴：一是主动适应，二是创造市场。

　　 市场是由客户决定的，没有客户的产品，就一定没有市场。

　　 战略正确，则企业成功。作用显要，则地位巩固。需求扩展，则价值突出。客户信任，则市场稳定。

＊　＊　＊　＊　＊　＊　＊　＊　＊　＊

　　在治理企业中，你对于战略与成败、作用与地位、需要与价值、客户与市场的四项关系是如何理解的？

　　在人的成长过程中，这四项关系同自身的发展有何结合意义？

三、探讨企业的发展理论

（成长的）

力量

四、也说企业的管理思想

——以人为本　以勤治业　创新创造　持续发展

导读：

领导者的思想深度，

影响了企业的行为高度。

人本在于心，

勤业利于行；

创意促发展，

持续为固本。

企业的管理思想代表了企业的核心价值观，反映为企业领导者的责任意识和管理观念，奠定了企业在制定发展战略和治理措施上的理论基础。

以人为本。体现为尊重人的价值。凡以此为指导思想，就会注重对员工的培养，珍惜员工的知识成果，关心员工的业绩和进步，积极发挥员工的创造性，重视职工的职业健康和安全，保障和保护员工的劳动利益，激励职工热爱企业，勤于工作。

人本思想的核心是平等人格，相互依存。企业为员工提供了实现个人价值的机会，员工则为企业创造了价值发展的条件。只有当员工真正感受到自身的价值和人格在企业得到尊重时，他才有可能尽其忠诚去关心并倾力于企业的发展。

以勤治业。反映为企业员工的素质特性。企业职工必须勤奋，这应当是企业对员工最基本也是最重要的要求。无论你居于何种岗位、地位或具有多高学历，都必须通过勤奋工作以证明自身的价值。而企业对员工的考察，也重在其具体的行动表现。

在企业内，任何员工都不应具有特殊性，都必须脚踏实地地勤奋工作，尽管能力各有差异，但勤于工作的素质特性是必不可少的。你或许还做得不够完美，但你只要兢兢业业地去做，就终会达到完美。企业的计划或许十分科学和周密，但如果没有员工的勤奋并为之不懈地努力，就绝无实现的可能性。

企业由勤则兴，因怠而废，这就是天道酬勤的简单道理。不要喜欢那种夸夸其谈者，不要信任不切实际的理论家。因此，企业要任勤奋者创业，用勤为者立业，使勤政者治业。凡以勤奋作为员工素质基础的企业，就会始终具备活力，会推动企业不断进步。

创新创造。这表现于企业的发展能力。创新是企业的实力体现，指对企业的产品技术、管理机制等实施更新改造，以适应市场的需求和社会进步，巩固企业的发展基础。创造则是指研发新的产品或重组产品结构，开辟新的技术领域或经营市场。

四、也说企业的管理思想

卓越的管理和持续的创新，是企业成功的根本，更是发展的关键。但是否需要创新，则应当取决于企业的战略选择和领导者的管理思维，尤其取决于领导者对企业的发展责任。无论创新或创造，其要素在于"创"。一个企业不在于大小，而在于是否能够因自身的特色而与众不同。创新、创造重在不断地进步，不断地寻找到新的推动力。企业坚持创新和创造，就会产生持久的活力和动力。

持续发展。这表征了企业的战略思想。一个真正的企业，应该制定长远的发展目标，并具备持久的发展能力。企业在每一阶段的发展，都必须依赖于坚实的经济基础以及人才、技术的支撑，只有步步踏实，才能稳健前行。切不可盲目追逐所谓"跨越式"发展，那种不求实际、也不重实绩的管理幻想，会严重影响我们的发展思路和创业热情。

兴办一个企业不能是短期行为，应当考虑长治久安。在适应社会经济需求的进程中，无论是结构调整或者优势组合，都是在实践中创新，也都在助推着持续发展。这既是企业及员工的利益所在，也是企业应主动担当的社会责任。

如果企业能坚持以人为本，就会凝聚人心；能坚持以勤治业，就会稳定基础；能坚持创新创造，就会顺应大局。有此三项坚持，就必然能够推动企业的持续发展。

应当形成什么样的管理思想？这是任何企业在成长过程中都会面临并日渐深化的问题。由于社会条件以及发展阶段的不同，企业的管理思想也一定会有相适应的改变，但其核心价值是不应受到影响的。用"以人为本，以勤治业，创新创造，持续发展"作为企业的管理思想，对于各类较为规范、志在成功的企业，都可以产生积极而卓有成效的指导作用。

点睛:

以人为本。体现为尊重人的价值。只有当员工真正感受到自身的价值在企业得到尊重时，他才有可能尽其忠诚，热爱企业。

以勤治业。反映为企业员工的素质特性。企业由勤则兴，因怠而废，这就是天道酬勤的简单道理。企业要任勤奋者创业，用勤为者立业，使勤政者治业。

创新创造。这表现于企业的发展能力。无论创新或创造，其要素在于"创"。一个企业不在于大小，而在于是否能够因自身的特色而与众不同。

持续发展。这表征了企业的战略思想。兴办一个企业不能是短期行为，必须考虑长治久安，持续发展。这既是企业及员工的利益所在，也是企业应主动担当的社会责任。

用"以人为本，以勤治业，创新创造，持续发展"作为企业的管理思想，对于各类较为规范、志在成功的企业，都可以产生积极的指导作用。

★ ★ ★ ★ ★ ★ ★ ★ ★ ★

本文提出的管理思想，符合当代企业的发展要求吗？
你作为管理者，能应用这个管理思想吗？为什么？

四、也说企业的管理思想

五、再论企业的管理理念

—— 成在战略　胜在管理　治在有序　重在基层

导读：

这个世界，

有脚踏实地的结果，

更有导向优秀的理念。

是理念的力量，

指导着脚踏实地。

成功虽然不可复制，

但是理念却仍在延续。

企业领导者应当具有十分清晰的管理理念，并以此确定企业的发展方略。简单地说，管理理念是对企业行为方法的指导。

成在战略。正确与否的发展战略，决定企业的兴衰成败。所谓发展战略，就是企业的定位和目标。首先要解决定位问题，本企业能做什么，不能做什么。明确目标则是企业在定位后，应当沿着某条路径去努力，解决的是发展方向问题。

企业的战略思路将直接决定企业的成败。有人说："细节决定成败"，虽有其道理，但并不完全准确。细节可以影响企业的成败，但决定成败的关键因素是发展战略是否正确。如果战略不当，则企业不能准确定位，也就没有正确的发展方向，那么你的细节措施越严谨，则错误就越严重，离你预设的目标就越遥远，进而导致企业的衰败。如果战略决策正确，虽有风险和困难，但因其方向是对的，通过管理细节的有利影响，则必定能促进企业的有益发展。因此，我仍然把战略置于发展理念的首位。

胜在管理。是以科学有效的管理办法，促进企业的成就。当企业的发展战略确立后，需要实施严格而有序的过程管理。运作中的各个环节都必须依赖于发展目标进行有效的组织。

我们看到的一些企业，其失误大多不在目标定位上，往往是在选定很好的发展项目后，因为管理措施不当而降低了成功的几率，影响了最终的成就。因此，企业必须要建立严密的管理体系，要有切合本企业实际情况的科学程序和操作办法。正确的战略目标，需要正确的运作制度提供保障，只有管理体系到位，才能推动发展目标到位。

治在有序。企业之序，在于规范和程序，指在企业内的一切行为都应当符合企业章程或规定。凡事必须遵循约定的规则，并按程序化要求逐步实施。当企业形成有序治理后，就会按照规定程序，遵守有关的制度和运转流程，有条不紊地进行企业的各项事务。在运行过程中的各相关环节，都能有效调度并有序作为。

各级管理者都应严格依循秩序规约去组织工作，各方面责任明确，忙而不乱，进退有度。要尽量减少人为的因素，尤其是领导者个人以及

五、再论企业的管理理念

157

管理机关，都须遵从程序，切不可随心所欲、自行主张，要避免干扰企业的正常秩序和稳定运行。

重在基层。企业是由众多的基层单位和员工组合而成的，企业的实力基础在于基层，管理者也大多成长于基层。金字塔底部的坚固支撑了塔身的不朽。如果没有基层，设置机关还有什么意义呢？因此，企业管理中的各大要件，都必须同基层密切相关，各项规约都要首先落实于基层。

各级机关都应当面向基层，为基层单位提供良好的工作条件，无论是班组或车间都理应受到尊重并得到良好的服务。各阶段的发展目标，都只有得到基层的认同和支持，才有可能上下同心。要切实重视基层的建设，须知基层的失误往往会引发溃堤之灾。可见基层之于企业是何等的重要。

我在"探讨发展理论"一文中，已阐明了"战略决定成败"的观点，本文再作重述，其意自然是想强调这个观点的重要性，同时也提示仍存在认识上的分歧，并且难以统一。我诚挚地期望这一观点能在你的成功实践中得到验证。

本文所表述的是企业的管理理念。理念的核心内容，是战略决定了发展的成败，使管理作为实现目标的保障，用有序规范了管理的行为，以基层作为管理的重点。各企业虽态势不同，但治理之道应当是相容并相通的。

点睛：

🌿 成在战略。正确与否的发展战略，决定企业的兴衰成败。目标明确、定位准确，就知道朝着哪个目标去努力，解决的是发展方向问题。

胜在管理。以科学有效的管理办法，促进企业的成就。企业需要实施严格而有序的过程管理。用正确的运作制度提供发展保障，只有管理体系到位，才能推动企业目标到位。

治在有序。企业内的一切行为都应当符合企业章程或规定。凡事必须遵循约定的规则，并按程序化要求逐步实施。切不可随心所欲、自行主张，以避免干扰企业的秩序和稳定。

重在基层。企业的实力基础在于基层，各级机关都要面向基层，为基层单位提供良好的工作条件，无论是班组或车间都理应受到尊重并得到良好的服务。各阶段的发展目标，都只有得到基层的认同和支持，才有可能上下同心。

金字塔底部的坚固才支撑了塔身的不朽。如果没有基层，设置机关还有什么意义呢？。

＊ ＊ ＊ ＊ ＊ ＊ ＊ ＊ ＊ ＊

在一个企业中，战略、管理、秩序、基层，各在发挥什么作用？你会注重这个理念吗？准备怎样实施？

五、再论企业的管理理念

六、解析企业的系统思维

——着眼大局　合理运筹　纵横兼济　善始善终

导读：

看得远一些，

想得广一些，

左右宽一些，

结果必然好一些。

简单的道理，

实用的思维。

企业管理者都应当具备系统性思维意识，每临大事，要由此及彼地进行全面的分析思考，以保障最终决策的正确性。

要着眼大局。能提高管理者的认知能力。任何时候，事物的运行都有其主导的趋势，而其他因素都只能围绕这个趋势去寻求生存和发展，这就是大局。当面临问题的时候，你必须分析事件的来由和去路、关联背景、政策导向、矛盾程度等，较全面地判断发展趋势。要从大局方面去认识问题。凡不识大局而定谋者，必然失误。要明了大局并顾全大局，尽可能使系统思维符合大局要求。据此而谋，谅不会犯方向性之过。

应合理运筹。能提高管理者的策划能力。合理即是合乎本企业的管理规则。提出这一要求，是提醒管理者切不可因事或因人而异，以致不按规章和程序办事。当然，由于某一事件的特殊性，或有临时的应急权变，但也不能因此而有违于企业最基本的行为规则。所谓合理的运筹，即表明筹划的内容是合理的，是可操作的。对其中包括运作程序、实施方案、资源组合、风险预测、应变措施等，都会做出缜密的思考。又因合理的运筹，符合企业的管理规程，则通常会受到企业内的有效支持，可降低方案的运作成本。

我们也看到有的决策，虽然有正确的目标，但因其不合理，而在内部程序的运行中受到阻碍，增大了内耗，因而举步维艰。这一点教训是管理者应引以为戒的。

能纵横兼济。能提高管理者的协调能力。我们在系统思维时，要充分考虑到上下和左右各相关因素对一个事件的影响。对问题的决策应照顾到各个关系环节的利益及需求，特别要对重点关联因素的时机、后果、协作成本等反复权衡，以尽可能减少关联方对决策问题的牵制或负面效应。

当善始善终。能提高管理者的运作能力。经过深思熟虑而形成决策

六、解析企业的系统思维

161

后，就必须付诸实施，并逐一督促过程管理。对任何行为事件，都必须有一个明确的结果，这是管理者应重点关注的。如果事出有因，导致决而无为，使决策没能落实，这或许是常有的事；但只要决策事件一经投入运作，就必须有及时的成果表现，无论是否达到决策目标，都应当有明白无误的结论。

有的人热衷于部署工作，擅长计划安排，并以此作为能力体现，但往往不注重检查落实，产生那种有决策而无行动，有行动而无结果的现象。无绩而终，有责不究，都只会给企业造成管理上的严重失调，更会使企业以及企业的领导者丧失坚守原则的工作信心。

我们讨论系统思维，用意在于为管理者提供从思考、决策、运作到结果的全过程思维模式。能有效地遵从并完成这一过程，就可以体现为管理者的心智已较成熟，管理能力已趋于稳重。只要我们顾全大局，计划周密，方法适当，则必然能获得较好的管理成果。

点睛：

　　把握事物发展的主导趋势。当面临问题的时候，应分析事件的来由和去路、关联背景、政策导向、矛盾程度，较全面地判断发展趋势，尽可能使系统思维符合大局要求。

　　健全合乎本企业的管理规则。管理者切不可因事或因人而异，以致不按规章和程序办事。有的决策，虽然有正确的目标，但因其不合理，而在内部程序的运行中受到阻碍，增大了内耗，因而举步维艰。

　　对问题的决策应照顾到各个关系环节的利益及需求，特别要对重点关联因素的时机、后果、协作成本等反复权衡，以尽可能减少关联方对决策问题的牵制或负面效应。

经过深思熟虑而形成决策后，就必须付诸实施，并逐一督促过程管理。只要决策事件一经投入运作，就必须有及时的成果表现，无论是否达到决策目标，都应有明白无误的结论。

★ ★ ★ ★ ★ ★ ★ ★ ★ ★ ★

从着眼大局到合理运筹，由纵横兼济而善始善终。你能接受这种系统思维吗？

这种思维对于促进个人成长有哪些作用？

六、解析企业的系统思维

七、企业管理有哪些要素

——强化秩序　简化过程　优化成本　量化效益

导读：

思想家、哲学家不一定是成功的管理者，

但是管理者一定具有思想家、哲学家的洞察力与思维能力。

思想和哲学眼光下，企业管理的要素又有哪些？

听老姜娓娓道来。

企业管理之要，在于有序。而立序之道，在于建制、明责、执行、监管、协调、考核的科学流程。一个企业的初期成功，可能依赖于主要领导者的胆识、才能、关系和个人影响力，但如需要持续发展，则必须、也只能依靠经营战略、组织管理和技术创新等综合能力的培养和提升。

当代企业在管理理念上较之传统管理有很大的进步，管理方法已各有特色，唯有"秩序、过程、成本、效益"这四个环节必不可少。我们不妨将其定义为四项基本要素。

强化秩序。所谓秩序，是指重条理、守规则，这是构成企业管理的重要基础。要使企业无论在何种情况下都能依制而为，忙而不乱，这就是秩序化的作用。秩序构成的主要内容包括"严格的制度、严明的纪律、适用的流程和规范的行为"。注意，我这里提出的是适用的流程，这是需要针对企业的实际情况确定的。管理流程必须适合于企业的机制，并能为企业所接受，才具有价值，也才是科学的。

随着企业的发展，管理秩序也要适时更新，并不断强化。企业无论规模大小，无论体制公私，都必须健全秩序化管理模式，否则必定是矛盾交错，混乱无序。只要能建立好企业内相关流程的作用程序，上下一体，依循这一程序运作，则可有效地减少个人意志对管理流程的干扰。管理者当按秩序过程实施检查督促，凡事有章可循，行进有度。企业当应用程序而规范运作，才能有效地降低企业管理成本，提高管理效率。

简化过程。过程是秩序化的执行环节。任何事情投入运作，都必然要经历一个阶段或周期。管理者的任务，是需要监督这个过程，使复杂的程序尽可能变得简单，既能让阶段周期更短，又能使运作效率更高。

有的企业，利用现代管理的科学手段，着力于层层设防，级级加权，看起来似乎十分严谨，但加大了实行过程中的复杂性，以致在运行流转程序中，手续繁杂，处处关节，一环受阻，百流不畅。这种流程看似先进，但不实用，并且很难坚持。其造成的直接影响，不仅是增大了企业的运作成本和管理难度，更会使企业员工因工作不顺畅而失去耐心和热情。

因此，企业管理者应依据本企业当前的实际需要，建立科学而且合理的应用程序，切不要把复杂视为严谨。重要的是能使运行过程简单并适用，执行责任简明而清晰，监控措施简化但到位。这应当是提高企业管理水平的实用思维。

优化成本。企业成本构成于相关业务的各个环节，对成本的确认首先要考核付出成本的管理价值。无论是近期或潜在的价值，企业都应合理地列支。

有的单位，大凡言及成本控制，总是在减少通话费、压缩差旅费等易于量化的细节上做足文章。严格地说，这对提高工作效率是没有明显益处的。须知造成企业成本负担最大的因素是生产运行和管理经营中的不合理因素，例如繁琐的办事过程，低效的项目投资，低能的管理机构，低劣的产品质量等，凡此种种于管理中的不协调状态，都会增大企业成本，都应该进行合理调节，以使各项成本能最大限度地发挥效益。因此，优化成本并非形式，而应切实贯穿于企业管理的各个方面。

优化成本的基本方法较多，不妨实行诸如分项成本控制、单位量化考核等类型的简单且易行的管理模式，能使企业的每一岗位都有成本控制指标，并结合效益成果，以激发员工执行成本制度的主动性。同时，也要注意到优化成本是促进效益的需要，企业的产品研发、技术创新，不是以眼前成果为目标的，其当前成本在合理有度的前提下，应予充分保障，切不可因优化成本而忽略了必须保障企业获取长期效益。

量化效益。企业的目标是获取最大效益，而效益的构成也是同各环节的成果密切相关的。不能用形态去表现效益。只有通过对一定数据的量化，才能直观地反映出效益特征。也只有将数据进行量化，才会使效益成果得到认定。因此，企业要对效益的产生做出细分和考核，使各单位都能充分调动资源，积极营造效益成果。

有的管理者，片面追求当前业绩，不切实际，好大喜功，热衷于形象表现，不关心经济成果，只注重社会效益，既缺失了对经济效益的量化，也掩盖了对地方、对企业的资源损害，这是极不可为的。

应当如何量化效益？这方面没有特定的模式，只能依据各企业的管理特性，确定时效性量化指标，对各个运行环节都可按指标进行考核，并建立严格的监督机制，使各类运行的结果都能同单位效益构成关联关系。对效益的量化，就能最直观、最真实地反映出企业的阶段性发展成果，这无疑是企业绩效管理中较为实用的方法。

点睛：

强化秩序。使企业无论在何种情况下都能依制而为，忙而不乱。管理者当按秩序过程实施检查督促，凡事有章可循，行进有度。企业当应用程序而规范运作，能有效地降低企业管理成本，提高管理效率。

简化过程。管理者的任务，是需要监督运行过程，使复杂的程序尽可能变得简单，既能让阶段周期更短，也能使运作效率更高。

建立科学而且实用的运作程序，切不要把复杂视为严谨。重要的是使运行过程简单并且适用，执行责任清晰明了，监控措施易行且到位。

优化成本。对成本的确认首先要考核付出成本的管理价值。无论是近期或潜在的价值，企业都应合理地列支。

优化成本是促进效益的需要，企业的产品研发、技术创新，不是以眼前成果为目标的，其当前成本在合理有度的前提下，应予充分保障，切不可因优化成本而忽略了获取长期效益。

七、企业管理有哪些要素

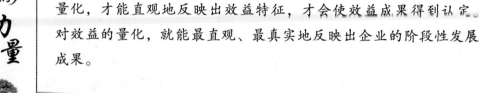

量化效益。不能用形态去表现效益。只有通过对一定数据的量化，才能直观地反映出效益特征，才会使效益成果得到认定。对效益的量化，就能最直观、最真实地反映出企业的阶段性发展成果。

★ ★ ★ ★ ★ ★ ★ ★ ★ ★

你所在的企业中，这种管理要素有无实用性？还缺少什么要素？
在你管理的企业内，你会推行这一要素吗？为什么？

八、什么是企业文化

——彰显精神　体现价值　指导行为

导读：

文化是人类最大的知识宝库，

人类因拥有文化而卓越丰富。

文化不是装扮一切的外衣，

而是融入一切的精神内核。

你的企业，内核动力是否充足？

当今企业，无论其规模大小，都在热衷于打造一种文化现象，充分运用标语、广告、口号、书刊、电视等各种宣传工具，制造出代表本企业的文化氛围，去展示企业形象，去扩大其社会影响力。

什么是企业文化？我认为，所谓企业文化是以企业主要领导者的发展思维、价值取向、行为风格及个人爱好为引导，能科学并艺术地反映出企业和员工共有的发展意识、价值理念、行为准则和管理规范的一种指导性文化。

企业文化具有鲜明的行业特征和管理特性，其中有两个特点是十分重要的：一是受企业主要领导者思想和行为的直接影响，二是要体现企业共同的价值观和原则性。由此可知，企业文化的形成，是由于企业发展的内在需要，而企业文化的核心价值要以企业主要领导者的意志为思想基础。

企业文化的作用是什么？一些理论的阐述，似乎使企业文化显得高远深奥。就其本质而言，我对企业文化的认知，是归于简单的，应该是一种很大众的表现文化。其主要作用应体现于以下几方面：

彰显企业的精神。 使企业的管理思想、行为理念，能在职工队伍中得以深化和普及，能为社会广泛认知和传播，向公众环境昭告自身的存在，展示企业的精神风貌，以此推动企业依赖于这种精神，有序并持久地发展。

体现企业的价值。 文化内涵中表明了企业的作用、地位、发展规划以及社会责任，是企业利益价值以及员工成长价值的昭示，能激励员工为企业努力奉献，去实现共同的价值目标。

指导企业的行为。 企业中的一应规章、制度、流程、法则等秩序化内容，都属于企业文化的范畴，能为广大员工认同、接受并自觉遵从，以规范企业的管理过程，指导对企业的一切治理行为。

不要把企业文化归于神秘，也不必都去做出一些能概括全面的文件文本，它其实就是标志企业的一种精神生活、一种价值取向和一种行为准则的主观反映，应当着意于真实、简要和鲜明。

任何企业形成的企业文化，都具有明确的宣传目的，都应有针对性和差异化的特点。我们应当、也必须学习其他优秀企业的文化特色，但切不可照搬套用，以致失去了对本企业的指导性。

写到此处，记起了我曾经为企业提出的一章员工守则，内容虽然有点通俗，但观点尚显明晰。它或许能客观地反映出企业文化对员工队伍的普及、激励和传承作用：

热爱企业，尽责勤奋。遵纪守法，诚实做人。

努力学习，提高技能。主动工作，不畏艰辛。

服务诚信，耐心热情。安全生产，勤俭节能。

行为规范，礼貌文明。和谐友爱，风雨同行。

点睛：

企业文化的定义：是以企业主要领导者的发展思维、价值取向、行为风格及个人爱好为引导，能科学并艺术地反映出企业和员工共有的发展意识、价值理念、行为准则和管理规范的一种指导性文化。

企业文化的作用：彰显精神，体现价值，指导行为。

企业文化是一种精神生活、一种价值取向和一种行为准则。

任何企业形成的企业文化，都具有明确的宣传目的，都应有针对性和差异化的特点。学习其他优秀企业的文化特色，切不可照搬套用，以致失去了对本企业的指导性。

★ ★ ★ ★ ★ ★ ★ ★ ★ ★

你对企业文化是如何理解的？

如果你在管理岗位，你会怎样构建企业文化？

八、什么是企业文化

九、把握住企业市场的行为准则

——遁于势　趋于利　重于信　践于行

导读：

市场是企业的生命，

趋势，利益，

信誉，服务，

规划了作用于市场的基本行为，

把握好市场，

助长了企业的生机与活力。

企业最基本的责任，是向社会各相关的市场源源不断地提供适用的产品，以满足市场的生产或消费需要，所以企业同市场的关系是紧密依存的。企业的产品市场，往往要经历开拓、巩固、保护这三个环节并循环往复。因此，如何做好市场是关系到企业生存和发展的根本问题。我把这些年来对市场的理解总结为"十二字要诀"，供大家参考领悟。

循于势——要随时了解并把握当前市场的运行大局，认真分析市场的发展趋势，确知当前市场需要什么、消费群体有何演变动态以及促使变化的主要原因是什么。从诸多问题中找到并找准市场的价值规律，做好市场需要商品的及时配置，包括更新产品结构，调整区域规划，转换经营方式等，去主动地适应市场。

企业要尽可能地先于市场，引导并推动市场的预期，切不可背离了市场运行的当前趋势。把握好了大势，就把握住了对市场的主动。循势而为，则是你开拓市场的能力表现。

趋于利——企业是为利而生的。其经营目的就是为了在市场取得合理的利益。基于此，企业在市场中的一切行为，都与谋利相关。凡有利于企业的经营活动，都应得到鼓励。但获取利益必须遵从法度和道德，切不能欺蒙造假。一切不正当的经营，都必定为社会所不容。

企业之利，并非只在经营利润。凡企业信誉、品牌价值、创新推广、公益慈善、管理文化等产生的社会效应，均应属于企业利益，也都应符合企业适度追逐的利益趋向。只是应当注意，企业始终要以实现经济效益为主，切不可盲目地去追求某种仅具形式表现的社会效益。

重于信——诚信是企业的品质特性，表现为企业及其经营者的从业道德。在商品经营中，可以运用市场谋略，也可以规避风险，但一定不可以失信于客户，更不能失信于社会。

企业不要轻易做出承诺，一定要充分考虑到自身是否有能力实践诺言，更要考虑到无效承诺会对企业或个人产生的不良后果。在当今市场上，凡信口开河、轻言承诺者，或天降馅饼、赔本促销者，必然具有欺骗性，其结果只能是自弃于市，自毁于民。

企业一经做出承诺，就应当履行，无论有多大的困难，都必须兑现诺言。这就是诚实守信的市场规则。立信可获得市场，守信可取得民心，重信可延展价值。从商之道，诚信为先。这是管理者必须首先自律并教育员工严格遵从的道德原则。坚守诚信，是巩固市场的根本措施。

践于行——就是努力做事。企业的任何理论、任何规划都必须通过实际的运作行为去验证、去实现。经营者做事的能力，会直接表现为企业的成果。不要只看到人家在收获成功，而应多考量自己的付出程度。凡从业于市场的工作人员，都要深入市场，脚踏实地，诚信工作，勤奋学习，具备应有的业务素质、熟练的专业水平、良好的沟通能力和较高的工作效率。

要认真做好每一件应为之事，尽力满足客户每一项正当需求，卓有成效地为市场、大众提供尽可能满意的服务。践行服务，是保护市场的有效方法。

对于市场的行为准则，可归纳为：循于势使方法得当，趋于利能目的明确，重于信会诚实做人，践于行当认真做事。有此四则，很容易理解，其价值意义也甚为普遍。但如真能依此而做，则企业可以发展，市场定会繁荣，个人必有成就。

点睛：

循于势。随时了解并把握当前市场的运行大局，认真分析市场的发展趋势，找准市场的价值规律，做好市场需要商品的及时配置。要尽可能地先于市场，引导并推动市场的预期。

趋于利。企业是为利而生的。凡有利于企业的经营活动，都应得到鼓励。

凡企业信誉、品牌价值、创新推广、管理文化等产生的社会效应，均应属于企业利益。只是应当注意，企业始终要以实现经济效益为主，切不可盲目地去追求某种仅具形式表现的社会效益。

重于信。立信可获得市场，守信可取得民心，重信可延展价值。从商之道，诚信为先。

可以运用市场谋略，也可以规避风险，但不可以失信于客户，更不能失信于社会。企业一经做出承诺，就必须履行。

践于行。要认真做好每一件应为之事，尽力满足客户每一项正当需求，卓有成效地为市场、大众提供尽可能满意的服务。

★ ★ ★ ★ ★ ★ ★ ★ ★ ★ ★

总结一下你的市场经验，"循势、趋利、重信、践行"的市场准则是否真有道理？

如依据此准则，你会如何管理和经营市场？

九、把握住企业市场的行为准则

175

十、应该如何培养员工的职业热情

——创造和谐环境 享受工作乐趣

导读：

追寻最高的投资回报，

不是某个项目，

而是你的员工。

安于其业，乐于其成；

最大收益，最小成本。

睿智的你，

应该知道怎么做了。

别忘记，经济崇尚利润。

怎样才能提高企业员工的工作热情，这历来是企业管理者极为关切、但又很难善处的问题。

从理论上讲，发展的机遇、合理的收入、胜任的工作等因素，都是激发企业员工从业热情的重要条件。但具有这些条件，并不能就使员工完全安心工作。因为职工在获得一定的物质保障后，自然会去追求精神上的安定，这是人的本能需求。也只有当精神安定的需求得到适当的满足后，才会自觉地产生出能够作用于企业的工作热情。这就需要我们能营造一种和谐的工作环境，从而让员工能享受到必要的工作乐趣。

要怎样才能适当满足员工精神安定的需求呢？我始终认为，这应当由企业和员工共同努力。首先，企业应主动为员工构建和谐的就业环境，这主要包括良好的工作条件、恰当的劳动保护、合理的岗位待遇等物质内容，可以减轻员工的生活压力。

更重要的是管理者要知人善任，选用适当的人员配置，组织好共事者的工作团队。要依据员工的能力、个性和特点，安排其到合适的岗位，使团队中的人员尽可能和睦相处，从组织行为上减少人员组合上的矛盾。

而作为团队成员，则应当学会与同事相互关心，主动帮助，宽容体谅，尤其注意在任何时候都不应把自己的不良情绪带入团队，因为团队成员在工作环境中的喜、怒、哀、乐都会对其他成员产生感染，会影响团队的集体气氛。因此，团队每一成员都应培养可贵的集体意识，有责任去创造并维护一种和谐的工作环境。

由此可知，如果片面地强调员工责任，而企业不主动为员工提供良好的工作条件，会造成员工同环境的矛盾对立，企业当然无法和谐。反之，企业或已十分尽责，工作条件尚可，但员工缺乏集体观念，不思团结，任性而为，则和谐环境自然也无法建立。这足以说明，和谐环境是企业同员工共同营建的，并且体现为共同需要的精神追求。员工可以随时准备承受任何工作压力，但不应当承受由不良环境造成的精神负担。因为谁也不愿意在气氛不和、关系紧张的团队中工作。

说到享受工作乐趣，许多朋友会不以为然，毕竟工作是有压力、有烦恼的，怎么会有乐趣，又怎么会享受到乐趣呢？我认为这首先应该解决心态问题。如果你置身在一个和谐的工作环境中，你热爱自己的工作，有较明确的工作目的，也珍惜这来之不易的工作机会，那你就应爱岗敬业，努力地去做好与之相关的各项事务。虽然你仍然会面临很多困难，但你一定会尽力去克服困难。要达到这种境界，必须保持一种十分平和的心态：凡事都宽慰自己，这是我应该做的事，我一定要做好。

有了这种心态，就能理顺事关重要的两个思维结果：因为是我应该做的事，则产生责任感；既然是该做的，就不会抱怨他人，也不应苛求条件，会自觉、努力地去做好这份工作。想到我一定会做好，则产生自信心，在面对挫折时不灰心、不放弃，会积极地去寻求解决办法。在这种心态的支配下你就少有精神负担，而会快乐地工作。

从事工作，是我们成就人生的必然过程，不可回避。人在一生中绝大部分时间都在接受工作的历练。如果你能把工作视为经历快乐，你就会努力去享受这份快乐，以自己的勤奋，不断取得成功，从而获得更多的快乐。

不要总去抱怨环境不利或工作太多，抱怨会使人消沉，怨气有损于健康。当你对工作产生抱怨时，原因不在工作而在你的心情。假若你没能调整好自己的心态，则你只有独自去享受痛苦。因心境不顺而不求进取，终将一事无成。

我们或许应该时时提醒自己，每遇难事，都要善于自我调节，不可怨天尤人。如果你无法改变环境，就要学会改变方法去适应环境；如果你无法改变现实，就要学会改变心态去接受现实。

企业和员工都应共同努力，去创建一个和谐的工作环境。让员工能体验到平等、责任和有尊严的共事氛围，同事之间能相互帮助，友好相处，少有是非，多些宽容，各自都热爱自己的工作，主动地去完成工作任务，积极地为企业创造工作业绩。若能如此，你就会心情轻松、坦然从事。和谐的环境给予了员工的热情，而置身在这种环境中，就一定会享受到工作的乐趣。

点睛：

职工在获得一定的物质保障后，自然会去追求精神上的安定，这是人的本能需求。也只有当精神安定的需求得到适当的满足后，才会自觉地产生出能够作用于企业的工作热情。

和谐环境是企业同员工共同营建的，并且体现为共同需要的精神追求。

你无法改变环境，就要学会改变方法去适应环境；你无法改变现实，就要学会改变心态去接受现实。

片面地强调员工责任，而企业不主动为员工提供良好的工作条件，会造成员工同环境的矛盾对立，企业当然无法和谐。反之，企业或已十分尽责，工作条件尚可，但员工缺乏集体观念，不思团结，任性而为，则和谐环境自然也无法建立。

如果你能把工作视为经历快乐，你就会努力去享受这份快乐，以自己的勤奋，不断取得成功，从而获得更多的快乐。

★ ★ ★ ★ ★ ★ ★ ★ ★ ★ ★

你不认为工作中是真有乐趣吗？你享受到这种乐趣了吗？

你已经在管理企业，你会怎样去调动员工的工作热情？

说说你经历的企业，有什么特别留恋的情景：

十、应该如何培养员工的职业热情

（成长的）
力量

十一、有必要掌握的领导方法

——博学慎思　果决厉行

导读：

成功的经验虽千类万种，

总有一个方法不离其宗。

学会它，

掌握好，

去积极地思考，

去果敢地行动。

作为管理者，当处于不同的工作环境时，基于实际需要，就应该采用不同的领导方法，这是十分必要的。但一切领导方法都会源于管理者个人的学识、经验、道德和修养，并直接受到当时条件下的管理动机和个人情绪的影响。领导方法虽各异，但行为要素趋同。掌握了这一要素，无论你身居何类环境或何等职务，都有可能去控制主动，影响大局，并得到部属的信任和尊重。

博学——广泛深入地学习。从书本中学习理论，从生活中学习经验。无论古今中外、天文地理、甚至三教九流之类的民间文化，都要有一定程度的学习和了解。这有益于积累知识，拓展思维。当然首先重在专业，对你所从事的业务，要有更多的学习和掌握，融合较为全面的知识，学以致用。虽不至精至深，但必须学懂弄通，方能构成你在实施专业决策时的认知基础和行为根据。

你可以不是这个业务的专家，但你必须是这个业务的行家，因为行家加权力，就能很有效地驾驭专家。需要明白的是，只有博学者，才会具有这种能力。别排斥任何有用的知识，让一切知识都可以为我所用。

慎思——凡事要周密思考。每临大事，都必须十分冷静。对当前事件的因果关系、风险控制、左右关联等都要认真分析。要重视经验，更要借鉴曾经的教训，引前车之鉴为后事之师，避免重蹈覆辙。保持理智，不可盲动，更不能因为自己的当时心态或个人情感而随意决断。由慎思而后行，则可应对周全，能减少失误，多获成功。

果决——决策问题要果断而坚定。经过慎重思考后，对问题要果断决策，不能因瞻前或顾后而犹豫不定。须知事物的发展多变，机会则是瞬间即逝。无论你的思考有多么详尽，你的计划有多么周密，但如果你在犹豫中错失了最有利的介入时机，则你此前的努力都将功亏一篑。

厉行——实施过程的速度和力度。我们提倡雷厉风行，并将其作为执行力的代表行为。决策后的具体行动，必须依靠如雷一般凌厉的推进力量，似风一样快捷的实施手段，并要主动掌控好行事过程，不能消极和延误。只有保障了及时、准确的落实处理，在计划时间内达成了决策目标，才能使决策行之有效。

博学而慎思，是考验领导者的学识水平和经验智慧的思想能力，体现为领导者的成熟练达。

果决且厉行，是考验领导者能把握机遇和控制大局的行为能力，表现为领导者的魄力气度。

何谓领导？领者，确定方向；导者，传授方法。领悟了"审时度势，循势利导"，我们能把握趋势，运筹有道。掌握了"博学慎思，果决厉行"，我们会行为有度，方法自如。这有助于体现领导者的个人魅力，有益于在本企业建立广泛信任的管理权威。

这区区十六个字，言简意深，是我从业半生的用心感悟，也是我时时警醒的座右之铭。我亦常以此言书赠给年轻的管理者们，互为激励。数十年间我都在努力地据此实践，虽有不足但确实获益良多。

我诚挚地希望你能够去领会、去践行、去丰富这个方法的内涵。那是因为，能具有这种思想境界和管理方法，应当是作为领导者毕生都在追求并期望达到的行为目标。

点睛：

一切领导方法都会源于管理者个人的学识、经验、道德和修养，并直接受到当时条件下的管理动机和个人情绪的影响。虽方法各异，但要素趋同。

广泛深入地学习，从书本中学习理论，从生活中学习经验。只有博学者才能很有效地驾驭专家。

别排斥任何有用的知识，让一切知识都可以为我所用。

凡事要周密思考，每临大事，必须十分冷静。对当前事件的因果关系、风险控制、左右关联等都要认真分析，保持理智，不可盲动。

由慎思而后行，则可应对周全，能减少失误，多获成功。

决策问题要果断而坚定。事物发展多变，机会瞬间即逝。如果你在犹豫中错失了最有利的介入时机，则你此前的努力都将会功亏一篑。

实施过程的速度和力度。雷厉风行，是执行力的代表行为。必须依靠快捷且凌厉的实施手段，方能使决策行之有效。

博学而慎思，是考验领导者的学识水平和经验智慧的思想能力，体现为领导者的成熟练达。

果决且厉行，是考验领导者能把握机遇和控制大局的行为能力，表现为领导者的魄力气度。

★　★　★　★　★　★　★　★　★　★　★

博学慎思与果决厉行，首先应当是一种成熟的思想方法。你是否已经掌握了这个方法？是否已经产生了很好的应用效果？

十一、有必要掌握的领导方法

十二、主要领导者应当具备的工作能力

——发展思想和发展战略　管理理念和管理行为
决策能力和应变能力　培养人才和使用人才

导读：

不要热衷于追逐领导权威，

首先应度量个人能力，

让智慧的光芒，

始终照耀企业前行。

只有当个人能力匹配于领导权力，

你才可以魅力四射，

你才可以威信自成。

企业主要领导者在对本企业的管理上，必须具有权威性，这是毋庸置疑的。因为企业主要领导者的个人素质和行为能力，将影响企业的发展方向。

领导权威的树立应源于人们对领导者的尊重，而领导者能受到尊重的理由绝对不是其学历、年龄、资历或体态等客观因素，更不应当是其担任的职务。只有当领导者的人品和能力得到企业中大多数人的认同时，才会受到真正意义上的尊重，也才可能形成在一定范围或领域内的权威。

领导者的人品特征，主要表现在品质优良的道德修养、正直大度的行为作风、敢于担当的责任意识、谦恭热情的亲和能力等诸多的内在素质上。优秀人品虽然是作为主要领导的必备基础，但不是必然条件。

有好品行者不一定就会是好领导，因为对领导人的考量还必须注重其行为能力，而主要领导的特别能力就在于能够体现出超群的思想和主导的思维。

本文就针对主要领导者应具备的思想和思维能力，提出一个非常现实的问题：作为企业的主要领导人，你应当并且必须做好哪些主要工作？

发展思想和发展战略。企业必须要有正确的发展思想，简言之，就是企业的指导方向。只有明确了方向，才能确定目标。主要领导者要充分运用智慧和能力，为企业的未来找准方向，这就需要提出符合本企业特点和特色的发展思想。谋定应该做什么和不能做什么，要在纷繁复杂的社会环境中，找到正确的发展方向，并引导企业向这个方向去努力进取。没有发展思想，企业就找不到目标，如船行大海，不辨东西，就只能随波逐流，随时都会倾覆。可见企业的发展思想是至关重要的。

有了发展思想，领导者又必须提出能保障发展思想得到落实的主要方略。方向明确了，怎样才能使企业沿着这个方向发展？目标已定了，怎样才能实现这个目标？洞察宏观趋势，把握市场变化，有实时的应变措施，并始终坚持既定的发展方向，这就是企业的发展战略。

战略是纲领性的，是支持发展思想的行为规划。它不是一种短时期的方法部署，但对企业实现发展目标的措施和过程，都具有极其重要的指导作用。因此，发展战略是必须由主要领导者负责制定并组织实施的。

管理理念和管理行为。理念是思想方法的反映。一种管理理念，就代表了你对企业管理方式的选择。你准备怎样管理企业？是人治还是规制，是统一还是松散，是随心所欲还是秩序规范？不同的思想方法就形成了不同的管理理念。主要领导者会根据创办企业或受命管理时的初衷，结合自身的经验和才智，确定对企业的管理模式，这就是管理理念的形成。

行为是一种工作方法。管理行为体现了企业在生产经营活动中有计划的安排部署，做出了一些目标性很强的发展措施。企业行为是受理念支配的，而理念反映出企业主要领导者对治理企业的意识和意志。

主要领导者应依据企业的发展思想和发展战略，提出切合本企业或本部门工作特性的运作模式和运作方法。这是企业管理链中极为重要并极具个人效应的环节。因为企业或部门主要领导者的管理思维和行为能力，对此环节的成就与否将产生直接的影响。

决策能力和应变能力。企业主要领导人的主要任务就是解决矛盾和决策问题。企业的工作纷繁复杂，管理过程中一些重大问题需要排解矛盾，尤其在事关成败的关键时刻，领导者特别是作为主要领导者必须果断做出决策。这是对领导能力的考验。

如何决断问题？一是在于领导者的心理素质，要临危而不慌乱，冷静应对。凡事急缓有度，当急则急。危重关头如果尚囿于常规，慢条斯理，则会失去有效的处置良机。要有充分的自信，敢于决策，勇于担当，这就奠定了在决断问题时，有较为稳重的心理基础。二是在于领导者的思考能力，剖析问题要全面，措施策划要缜密。特别要从善如流，能认真听取大家的意见，则可博采众长而形成最终的正确决策。因此，领导者的决策能力表现为有稳定且健康的心理素质，有明智且果断的行事方法。

事物往往是在变化中发展，企业的运动过程不会总是一帆风顺的。我们经常会遇到一些特殊的困难或特别的变故，给企业造成突然性的巨大压力。这时候最需要的是领导者应对变化的能力。

凡决策事务，主要领导者都应当对由此而产生的风险做出预设，并有适度的防范准备，以备不测。凡当突发事态超出预期，企业面临重大影响时，主要领导者唯一能表现的行为，就是主动承担处理事件的责任。不能回避，只可面对，不要抱怨，更不要对其他责任人横加指责。要让你的副手们因为有你而充满信心，因为你在而意志坚定。

处理危机的基本手法应当是先救急，后调整。果断处置，切忌瞻前顾后，寡断优柔。度过当前难关后，再对因应急措施造成的不良问题逐一调理，并追究责任，吸取教训，以化解或减小不利影响。

企业的凝聚力反映在员工的勤奋敬业、团结一致上。领导者的权威性则体现在决策和处理应急问题时的胆识与魄力上。尤其是当你决策常常正确，处理危机应变较为适度时，威望必定会油然而生。

培养人才和使用人才。企业的持续发展，是包括发展思想的传承，发展战略的继续，品牌效应的延伸，以及企业文化、产品创新等的综合体现。而能否持续发展的关键，取决于企业的继承人。因此，凡有责任心、有远见卓识的领导者，都应把培养人才和使用人才作为任期内极其重要的战略规划和主要任务。

由本企业中产生的人才，熟悉企业运作过程，对企业存在的优势和不足有较深入的了解，易于对企业精神的发扬，也易于对管理机制的创新。培养人才是做好人力资源的战略储备，使用人才则是为员工构建必不可少的成长基础。

确立了发展思想和发展战略，就为企业把定了前行方向；规范了管理思想和管理行为，就为企业创建了运行秩序；具备了决策能力和应变能力，就为企业增强了工作信心；注重了培养人才和使用人才，就为企业提供了发展保障。无论企业的规模如何，其主要领导者都应具备这种能力。

我们对领导者能力的认识，不能只量其行，更要多重其智，也即表明领导人必须要具有正确的思想、应势的思维和先进的理念。唯有如此，才能在当今不断更新、日趋进步的社会环境中，带领企业稳定生存并持续发展。而作为企业管理者，尤其是主要领导者，如有此明智之举和过人之能，则民心诚服，事业昌盛，又何虑权威不立呢？

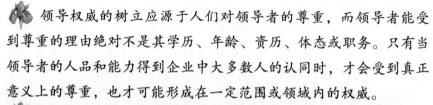

点睛：

领导权威的树立应源于人们对领导者的尊重，而领导者能受到尊重的理由绝对不是其学历、年龄、资历、体态或职务。只有当领导者的人品和能力得到企业中大多数人的认同时，才会受到真正意义上的尊重，也才可能形成在一定范围或领域内的权威。

我们对领导者能力的认识，不能只量其行，更要多重其智，也即表明领导人必须要具有正确的思想、应势的思维和先进的理念。

确立了发展思想和发展战略，就为企业把定了前行方向。

规范了管理思想和管理行为，就为企业创建了运行秩序。

具备了决策能力和应变能力，就为企业增强了工作信心。

注重了培养人才和使用人才，就为企业提供了发展保障。

★ ★ ★ ★ ★ ★ ★ ★ ★ ★

文中说无论企业的规模如何，其主要领导者都应具备这种能力，为什么？

如何才能有效地确立领导者的个人威信？

十三、说说领导者的用人之道

——疑则重察　信则重教　责勿过严　教勿太高
　　不究小过　不揭隐私　不念旧恶

导读：

用人，亦被人所用，

成就，亦成就他人。

探寻一种相近或相同的道理，

把我们的成长情素联结在一起。

且听老姜论道，

或有悟，

或有益。

企业领导者既要有识人之能，也要有容人之量，更要有用人之术。须得如此，才能够更充分地发挥人才在企业或单位中的积极作用。

为领导者既在用人，也在受人所用，如果能对用人理念具有相近的认知，则无论对企业或个人都会减少一些心理障碍，多益于成就。如何用人？这历来就是对于管理者至关重要也极难完美的大事。我在此前的《方法篇》中，提出了"厚德重能、不避亲疏"的用人之道。在本章中，我提出几点小经验，也是我长期总结并使用的方法，或谓为用人之术，大家不妨探讨、借鉴一二。

疑则重察，信则重教。 领导者对属下人员的任用，必须要经过一定时间的考察、培养。实用而终获信任的，也就是说要达到放心重用的程度，是有一个时间过程的。但如果因为暂时还没有对此人的充分了解，就弃之不用，那你身边或许难有人才。我不甚赞同"疑而不用"的用人观点，因为不通过使用检验，你当然无法释疑，有才能者得不到信任，你也会失去可用之材。

我主张，如果确知此人有一定才能，但你对其人品道德、专业程度的了解尚不深入，你可以把他安排到一个适当的岗位上去工作，有意交待一些专项工作给他办理，并责成相关部门对其重点考察。这种方式既为人才提供了成长的机会，使之不至于被埋没，又可排解领导者对他的疑虑，为是否继续培养提供依据。

由此可知，"疑者重察"就是表明了"疑"亦可用，应当用其能而察其行。这里需要处理好的问题是：试用的岗位和责任要程度适当，不因过重而误其发挥。考察必须及时到位，不可失察而影响鉴别。

凡已获信任并在使用的人才，不能片面地一味强调加担子、多锤炼，须知任何进步都是循序渐进的。领导者要多教方法，耳提面命，要注重对他成长的过程教育。尤其要在处理问题的思想方法和工作方法上，在谦虚谨慎、团结共事的职业行为上，多作警醒，经常提示。

领导者不妨改换一下身份，当好一个老师，承担好培养学生的责任。对受教育者而言，能获得领导者的成功经验，直接学习到一些有益的思想、德行、思维和方法，可以少走弯路，不走偏路，稳健成长。更何况领导者需要的是对企业文化的光大和传承，你不去认真教导，部属们如何能领会，又如何能执行呢？由此可见，"信者重教"是企业发展的需要，也是领导者和被领导者双方都能受益的思想方法。

有人曾经问我，把部下教会了，会不会被取而代之？会不会翻脸不认？我认为这些想法是领导者个人缺乏自信心的表现。

如果因你的教育和帮助，使你的部下进步了，为企业培育了人才，这是你对企业的贡献，也是你的成就和荣誉。在正常情况下，你的部属有能力取代你的工作，那就为你可能担任更重要的职位或责任奠定了很好的基础。部属们的进步会推动企业的持续发展，而你也会在这个过程中获得更大的成功。

能被受培养者取而代之不足为虑，真正值得悲哀的是，当你有条件也有机会去承担更为重要的职务或调整到更好的工作环境时，你所在的部门，属下无能，后继无人。而上级出于公心，为了保持企业或单位的稳定，就只得让你屈居旧位，继续在原地踏步。这虽然也体现了领导对你的信任，但此等信任中却包含了许多的隐痛和无奈。

至于是否会出现后浪推前浪，而把前浪拍在沙滩上的现象，即被后继者反目的问题，领导者首先应从主观上反思，自身是否有何不当，以致伤及了对方感情或产生了误会。当然最合理的解释是，你培养的对象或许品行不端，或者是你没教会他如何做人，你自然也是有些责任的。

培养人才是企业的需要，并非个人私利。只要后继者有益于企业，有利于发展，就已经是你的责任和价值的成功延续。不必去计较其对自己的行为是否得体，你当以平常之心，宽怀以待。

责勿过严，教勿太高。部下在工作中出现了错误，领导者要十分重视，并要视其情节或对企业产生影响的程度，给予问责处罚。惩前毖后，严肃管理，这是必要同时也是必需的。问题在于责罚的目的，应该是使错误得到警示，以儆效尤，使犯错误者得到帮助，使之改进，会更好地为企业服务。基于这个目的，我们对犯错者的处罚一定要把握适度。

批评不能过严，一定要考虑到受责者的接受程度，过大的心理压力会令其悲观消沉。处分不能过重，应当关注到受处分者的再生能力，过重的组织措施会使他失去工作前途。这个尺度不难把握，关键是领导者要出以公心，不存私怨，真正注重、爱惜人才，就会妥善有度地处理。

部属工作中出现了错误，要及时批评指正，以避免对工作及对个人产生不良后果。至于是采用当众批评还是私下指责，当然要视错误的影响程度和领导者的主观意图来确定。但对错误的纠正，我仍然主张尽可能由犯错者自行完成，这有助于他吸取教训。

我常和朋友们谈到一个问题。如果你的工作有成绩，领导不作表扬，工作有过错，领导不给批评，从表面上看你似乎脱离了管理，显得自由，其实你不会轻松，那只能说明你在上级的心目中已经失去了重要性，领导已经不关注你了。久而久之，则你离岗下课的日子就快要到了。

表扬是一种激励，会帮助你建立信心；而责罚却是鞭策，能帮助你吸取教训。为领导者，对人才的激励应当有，但不宜太多，太多则俗，俗而无效。对部下的鞭策不可少，太少则疲，疲而无力。

对有过者须处罚，是严肃纪律，此为扶正。对真人才要爱护，当重在教导，此为固本。责之亦爱之，惩之亦护之，此为用人方法中至高至重的思想境界。

任何教育都是有期望值的。作为成果体现，领导者往往会对部下制定成长规划，提出一些关乎进步的具体要求，希望能达到某个目标。这种良苦用心是受责任感驱动的，很有必要。但对部下的要求不能太高，领导者应根据部属的心智、特长、学识、行为能力等综合因素，提出能够适合一定阶段性进步的工作任务和学习要求，要有区别地量才使用，因人施教，积极引导部属发挥才干，锻炼成长。

企业中往往有一种现象，凡能力较强的员工，在受到领导重视的同时，会承受到越来越多的工作压力，领导交办了更多的任务，也不断地提出更多的要求，即所谓的能者多劳，或美其名曰：多在实践中锻炼。但如果工作量超出了他的实际处理能力，工作压力也超过了他的心理承受能力，则难免会出现工作失误。久而久之，则降低其威信，使其丧失信心，并会影响到同事间的工作关系。

领导者对人才的培养教导，不要奢谈高深的泛泛理论，重点应传授一些有实用价值的管理经验、处事方法，帮助其分析总结一切相关经历的工作教训。多就事论教，以促使其受到针对性的启示和提高。一定不能急于求成，要有耐心，择机而教，循势而导。可以视其进步状态，逐步加深培养的力度。但赋予受教部属的要求不能太高，应当考虑到所教内容在现阶段是否可行，受教者当下能否做到。如教诲程度过高，使受教者很难领会，则教之无用，受者无益，领导者也会失去信心的。

责勿过严，教勿太高，这是非常实用的领导方法。因才而教，因人而用，宽严相济，责教相成。能做好这一点，为领导者一定会得到部属的拥戴，你使用的人才也一定会健康地成长。

不究小过，不揭隐私，不念旧恶。这个问题其实很简单，这是作为领导者基本道德素质的体现。

对部属或同事的轻微过失，易于纠正，只要无碍企业大局，不伤工作原则，就不要去追究或责备。如不然你在不经意间的一句批评，都会给对方带来很沉重的思想负担，毕竟谁都希望在领导者口中得到的是赞扬。一点小过，不去计较，领导者自己也会过得轻松些。

对部属或同事的私生活秘密，不要心存好奇而私下打听，切不可利用职权之便去刻意了解，更不能借题发挥而揭露张扬。如关系密切者，私下调侃幽默、开开玩笑未尝不可，但切忌在工作中提及、在同事间传播，因为这既有损其个人威信，也有害于集体氛围。领导者若有此作为，会伤及和同事的感情，影响同员工的关系，降低了领导者的道德品质，为领导者断不可为之。

部属或同事中，有人曾经犯过错误，或因劣行受过处分，凡此情况仅仅是一种过去了的经历，为领导者一定不可念之不忘。你既然信任于他，与他同事或委他责任，就应帮助他解脱历史的压力，只需要用他的长处，激发他的热情，以助其放下愧疚，努力前行。别去追究历史，过去的遗憾或挫折都已如云烟消散，应相信为过者自有教训，不必因一时之过而误及终身。

不要重提旧账，要多看重他当下表现中的积极因素，更不要试图把他过去的污点作为现在对他的控制手段。事实会向你证明，凡经历过错误的人，一旦为你诚服，其发挥的作用往往会超于常人。

领导者其实也很平常，也难免有个人的好恶，但你必须要具有比部属们更高的思想境界和更多的工作经验。在企业管理中，领悟并应用"疑则重察、信则重教"，"责勿过严、教勿太高"，"不究小过、不揭隐私、不念旧恶"这几种方法，是大为有益并行之有效的。它不仅是领导者的用人之术，更是领导者的助人之德。掌握好这些方法吧，你将会拥有更广泛的支持和信任，将能创造更大的进步和成功。

点睛：

疑者重察。表明了"疑"亦可用，当用其能而察其行。需要处理好的问题是：试用的岗位和责任要程度适当，不因过重而误其发挥。考察必须及时、到位，不可失察而影响鉴别。

信则重教。不能片面强调加担子，要多教方法，循序渐进。注重对人才成长的过程教育。尤其要在处理问题的思想方法和工作方法上，在谦虚谨慎和团结共事的职业行为上，多作警醒，经常提示。

批评不能过严，一定要考虑到受责者的接受程度，过大的心理压力会令其悲观消沉；处分不能过重，应当关注到受处分者的再生能力，过重的组织措施会使他失去工作前途。

对有过者须处罚，是严肃纪律，此为扶正。对真人才要爱护，当重在教导，此为固本。责之亦爱之，惩之亦护之，此为用人方法中至高至重的思想境界。

赋予受教部属的要求不能太高，应当考虑到所教内容在现阶段是否可行，受教者当下能否做到。如教诲程度过高，使受教者很难领会，则教之无用，受者无益，领导者也会失去信心的。

🌸 因材而教，因人而用，宽严相济，责教相成。

🌸 对部属或同事的轻微过失，只要无碍企业大局，不伤工作原则，就不要去追究或责备。领导者自己也会过得轻松些。

🌸 对部属或同事的私生活秘密，不要心存好奇而私下打听，不可利用职权而刻意了解，更不能借题发挥而揭露张扬。

🌸 不要重提旧账，应相信为过者自有教训，不必因一时之过而误及终身。要多看重他当下表现中的积极因素，更不要试图把他过去的污点作为现在对他的控制手段。

🌸 凡经历过错误的人，一旦为你诚服，其发挥的作用往往会超于常人。

🌸 领导者要有识人之能，也要有容人之量。不仅要有用人之术，更须具有助人之德。

★ ★ ★ ★ ★ ★ ★ ★ ★ ★ ★

在你的成长过程中，你希望得到领导者什么样的帮助？

你打算怎样去培养你的属下，方能促其成材？

你对用人之道有何领悟：

十三、说说领导者的用人之道

结束语

学而能悟　习之有为

拙文《成长的力量——教会你做最好的自己》共三篇含四十三章，似乎完稿了，然意犹未尽。我因有感而发，用心而成，故习作不难。但常怀惶恐，或担心文词粗陋，贻笑大方；或忧虑文意偏颇，易发误导。好在终可搁笔了，就恳请大家帮我指正吧。

过去的数十年间，我在一些刊物上发表过较多的文章，但大多局限于技术专业，其内容缺乏社会化的应用特征。此次习作，是一种尝试，我期望在书中提出的一些道理，犹如山泉般纯净清澈，学而能悟；我力求在书中表达的一些方法，能似工具样得心应手，习之有为。

基于这种思考，我在通篇文稿中，基本上都是用自己的语言完成了习作。不摘录名言，是恐以自己之浅薄，误解了名家之精要；不引经据典，是虑以现实之所需，难诠释历史之明鉴。

本书的结构尚属简明，大多以问答成章，于标题中即可获知结论，便于读者对座思考，查阅释疑。但本书的题材较为枯燥，无华丽温婉的词语，更无引人入胜的情节，我只想用浅显而通俗的语言，如面对面谈话交流一般，同阅读者娓娓道来，让你能感受到我的坦言厚意和诚挚用心。

内容如斯，唯求实用。能读至此处，我当钦佩你之耐心。

我们关注成长，毕生都在执着于培养能助推成长的力量。因有"感悟"，而能奠定生命价值；由此"方法"，可以优化行为能力；重在"治理"，定能造就事业辉煌。当你真正拥有了成长的力量，就一定会收获到快乐人生的累累硕果。

　　愿以此书为镜，去完善自己；愿以此书为趣，去丰富人生。愿此书成为你一生相伴的工具，能帮助你去规划你的未来，践行你的成长。

　　不倦地追求，不懈地努力吧！相信你，一定会做得更好！

　　对书中的思想、观念、行为、方法及一切内容，恕不争论。对学之无益者，权作戏言；对学而有用者，可为借鉴。

　　在习作过程中，四川大学余伟萍教授给予我很多极为重要的启发和指导，代颖同学、王轶菡同学为本书导读、作图，丰富了阅读的内容和情趣。我的家人们对我深切的支持和关爱；我身边的朋友们也给予我许多的帮助和鼓励，并以他们曾经或正在经历的实例，为本书的一些观点提供了有力的佐证，进一步坚定了我的思维理念和完成习作的信心。

　　在此，我一并致以最诚挚的感谢。

结束语

197

（成长的）
力量

感受精彩　传递力量

——读者心声

　　这是一本充满诚意与智慧的书籍，更似一位难得的挚友。生活的种种困惑、工作的道道难题总能从中得到真挚入微的解答和启迪。"点睛"设计更是贴心，书中精髓一目了然，感同之时，会然于心！好书易找，挚友难寻。《成长的力量——教会你做最好的自己》就是我们身边珍贵的挚友！

——圣象集团家居事业部市场总监　吴　芰

　　我们总是期望以最小的投入获得最大的收获，选择《成长的力量——教会你做最好的自己》，读老姜的书，就有这样一种感觉。从头至尾，无论通则品味，还是取章摘句，处处闪烁着智慧的光芒，给人一种难以言喻的冲动与力量，平实、睿智、精简、震撼！无论是工作、生活还是学习，《成长的力量——教会你做最好的自己》，激发了我开创全新人生的强烈欲望！

——广东霸王花食品有限公司副总经理　陈骏良

　　《成长的力量——教会你做最好的自己》是心得交流的汇集，而对我来说，更像是塑造人生的工具。朴实无华的字里行间，是老姜在让我们分享他的德行和智慧，同时更直现了长者的良苦用心。常有共鸣，获益良多。在人生每个不同的时期，置身不同经历的时候，老姜的心得和经验会使我们在生活和工作中事半功倍，多姿多彩，充满活力。

——苏州达南美克电子有限公司供应链经理　居英俊

　　《成长的力量——教会你做最好的自己》这本书给初入社会者指明了

人生成长的方向，给新进职场人士提供了解惑的方法，给刚步入管理岗位的领导打开了企业治理之门。

——广州杭叉叉车有限公司副总经理　王传芳

谁言世事多繁复，片语定将茅塞开！多读深悟此书，一定能传递给你成长的力量。

——四川卓越税务师事务所总经理　孙　平

这是一本极其难得的励志佳作。其从容而睿智、精要且理性的文笔，是对传统理念和现代思维的融合与激扬。重塑道德，引导成长。言词中蓄满长者的给予，语境里孕育年轻的期许。希望更多的年轻人与我一同分享书中的爱与智慧，受到启迪，努力去做更好的自己。

——四川成都中院法官　冯　露

多次通读此书，每一次的阅读都会带来理性的精神感悟，每一次的共鸣都会引起更深的心灵震撼，的确使我豁然开朗，能排解我日常工作和生活中的困惑。有如同益友的倾诉，更如受良师的指引。愿此书能为有志者共识共勉，伴我们成长、成材。

——中石油西南油气田分公司通信公司建维中心书记　吴　江

感受精彩　传递力量